大数据应用基础

主　编　李小丽　杨晓东　董欣格
副主编　薛亚楠　王　璟　盛　航

西南交通大学出版社
·成　都·

图书在版编目（CIP）数据

大数据应用基础 / 李小丽，杨晓东，董欣格主编. 成都：西南交通大学出版社，2024.8. -- ISBN 978-7-5643-9969-6

I. TP274

中国国家版本馆 CIP 数据核字第 2024L8W249 号

Dashuju Yingyong Jichu
大数据应用基础

主　编 / 李小丽　杨晓东　董欣格

策划编辑 / 李鹏飞
责任编辑 / 穆　丰
封面设计 / GT 工作室

西南交通大学出版社出版发行
（四川省成都市金牛区二环路北一段 111 号西南交通大学创新大厦 21 楼　610031）
营销部电话：028-87600564　　028-87600533
网址：http://www.xnjdcbs.com
印刷：郫县犀浦印刷厂

成品尺寸　185 mm×260 mm
印张　11　　字数　273 千
版次　2024 年 8 月第 1 版　　印次　2024 年 8 月第 1 次

书号　ISBN 978-7-5643-9969-6
定价　38.00 元

课件咨询电话：028-81435775
图书如有印装质量问题　本社负责退换
版权所有　盗版必究　举报电话：028-87600562

前言
PREFACE

在当今这个信息爆炸的时代，大数据正以惊人的速度重塑我们的日常生活、工作方式和社会。它不仅为企业提供了更精准的决策依据，还推动了科学研究的进步，为各个领域带来了前所未有的创新机遇。随着信息技术的飞速发展，大数据的应用前景可谓一片光明。未来，大数据将推动各行各业的数字化转型，助力企业实现更高效的运营和更优质的服务；促进人工智能技术的发展，为智能制造、智能交通等领域提供强大的数据支持；医疗、教育、金融等领域的应用继续深入，在提高人们的生活质量等方面发挥更加重要的作用。

本书旨在为读者揭开大数据世界的神秘面纱，提供一个全面而基础的指南，帮助其理解大数据的概念、技术和应用。通过本书，读者将了解到大数据的核心概念，包括数据的规模、多样性、速度和价值；还将学习如何从海量数据中挖掘出有价值的信息，以及大数据处理的基本流程和方法。本书注重理论与实践的结合，通过丰富的实例和案例分析，帮助读者掌握大数据应用的实际技能。同时，我们也介绍了大数据领域的一些热门技术和工具，为进一步深入学习和研究提供了宝贵的参考。无论是对计算机相关专业的学生，还是对大数据应用感兴趣的从业者，本书都将是您不可或缺的学习伙伴，它将帮助您构建起大数据应用的知识体系，提升数据分析和处理能力，从而更好地应对日益复杂的数据挑战。在探索大数据的广阔天地中，我们期待本书能成为良师益友，与您一同前行，共同挖掘大数据的无限潜力。

最后，衷心地感谢为本书的编写付出辛勤劳动的各位老师，同时希望本书能为读者带来收获和启发。

编 者
2024 年 5 月

目 录
CONTENTS

第 1 章　大数据概述 ·· 001
　　1.1　什么是数据 ··· 001
　　1.2　什么是大数据 ·· 005
　　1.3　从 IT 时代到大数据时代 ·· 007
　　1.4　大数据的产生与作用 ··· 008
　　1.5　大数据时代的新理念 ··· 010
　　本章小结 ·· 018
　　思考与练习 ··· 019

第 2 章　大数据与当前热门技术 ··· 020
　　2.1　大数据与云计算 ··· 021
　　2.2　大数据与物联网 ··· 027
　　2.3　大数据与人工智能 ·· 030
　　本章小结 ·· 032
　　思考与练习 ··· 033

第 3 章　大数据的采集与预处理 ··· 034
　　3.1　大数据的采集 ·· 034
　　3.2　数据预处理 ··· 039
　　本章小结 ·· 046
　　思考与练习 ··· 046

第 4 章　数据存储与管理技术 ··· 048
　　4.1　人工管理阶段 ·· 049
　　4.2　文件系统 ·· 052

  4.3 关系型数据库 ·· 053
  4.4 分布式数据处理 ·· 055
  4.5 分布式数据库系统的复杂性 ·· 057
  4.6 并行数据库 ·· 057
  4.7 大数据处理架构 Hadoop ·· 061
  4.8 分布式文件系统 HDFS ·· 068
  4.9 NoSQL 数据库 ·· 070
  4.10 分布式数据库 HBase ·· 074
  4.11 云数据库 ·· 077
  本章小结 ·· 080
  思考与练习 ·· 081

第 5 章 机器学习 ·· 082
  5.1 机器学习概述 ·· 083
  5.2 机器学习方法 ·· 089
  5.3 数据集的划分和模型的评估 ·· 094
  5.4 模型的过拟合和欠拟合问题 ·· 097
  本章小结 ·· 101
  思考与练习 ·· 101

第 6 章 大数据挖掘 ·· 103
  6.1 数据挖掘的流程 ·· 103
  6.2 数据挖掘技术 ·· 108
  本章小结 ·· 113
  思考与练习 ·· 113

第 7 章 大数据可视化 ·· 115
  7.1 大数据可视化基础 ·· 116
  7.2 大数据可视化技术 ·· 118
  7.3 大数据可视化工具 ·· 123
  7.4 可视化案例 ·· 127
  本章小结 ·· 127
  思考与练习 ·· 127

第 8 章　大数据隐私与安全······129
8.1　大数据面临的隐私与安全问题······129
8.2　大数据隐私与安全的防护策略······134
8.3　大数据隐私与安全的防护技术······139
8.4　数据权益的资产化······149
本章小结······151
思考与练习······151

第 9 章　大数据营销······153
9.1　大数据营销的发展历史······153
9.2　"互联网+"时代下的营销革新······159
本章小结······166
思考与练习······166

参考文献······167

第 1 章 大数据概述

 本章导读

  大数据时代的来临,带来了信息技术的巨大变革,开启了一次重大的时代转型,并深刻影响着社会生产和人们生活的方方面面。全球范围内,世界多国政府均高度重视大数据技术的研究和产业发展,纷纷把大数据上升为国家战略加以重点推进。在新的数字世界当中,数据成为最宝贵的生产要素,顺应趋势、积极谋变的企业将乘势崛起,成为新的领军者;无动于衷、墨守成规的组织将逐渐失去竞争的活力和动力,最终被淘汰。毫无疑问,大数据正在开启一个崭新时代。

  本章介绍数据、大数据的概念,大数据的发展历程,世界各国特别是我国的大数据发展战略,大数据的处理过程,大数据时代的新理念等。

 学习目标

(1)熟悉大数据的基本概念与大数据的发展历程。
(2)掌握大数据的类型与特征。
(3)了解大数据对当今社会发展的重要意义。

 思政目标

(1)学习大数据的基础知识、加强对大数据专业技术的了解,培养探究意识,激发学习兴趣。
(2)了解我国数字化战略部署,以及各行各业的数字化转型发展需求,激发爱国情怀。

1.1 什么是数据

  我们的生活处处离不开数据,并且我们生活的各个方面已经逐渐被数字化。我们管理存款,需要与网上银行打交道,我们出差、旅行,需要通过手机 APP(应用程序)向铁路部门或者航空公司订票，我们通过即时通信软件与朋友联系，还通过微博、博客发布各种信息。凡此种种，都需要一个后台计算机系统为我们提供即时的信息服务，这些系统也把我们的行为和操作记录下来，形成历史记录，这就是数据。

1.1.1 数据的概念

数据是指对客观事件进行记录并可以鉴别的符号，是对客观事物的性质、状态以及相互关系等进行记载的物理符号或这些物理符号的组合，是可识别的、抽象的符号。

数据和信息是两个不同的概念，信息较为宏观，它由数据的有序排列组合而成，传达给读者某个概念或方法等，而数据是构成信息的基本单位，离散的数据几乎没有任何实用价值。

数据有很多种类型，比如数字、文字、图像、声音等。随着社会信息化进程的加快，我们在日常生产和生活中每天都在不断产生大量的数据，数据已经渗透到当今每一个行业和业务职能领域，成为重要的生产要素。从创新到决策，数据推动着企业的发展，并使各级组织的运营更为高效。可以这样说，数据将成为每个企业获取核心竞争力的关键要素。数据资源已经和物质资源、人力资源一样，成为国家的重要战略资源，影响着国家和社会的安全、稳定与发展。因此，数据也被称为"未来的石油"。

1.1.2 数据类型

常见的数据类型包括文本、图片、音频、视频等。

1. 文本

文本数据是指不能参与算术运算的任何字符，也称为字符型数据。在计算机中，文本数据一般保存在文本文件中。文本文件是一种由若干行字符构成的计算机文件，常见格式包括ASCII、MIME和TXT等。

2. 图片

图片是指由图形、图像等构成的平面媒体。在计算机中，图片数据一般用图片格式的文件来保存。图片的格式很多，大体可以分为点阵图和矢量图两大类。

3. 音频

数字化的声音数据就是音频数据。在计算机中，音频数据一般用音频文件的格式来保存。音频文件是指存储声音内容的文件，把音频文件用一定的音频程序执行，就可以还原以前录下的声音。音频文件的格式很多，包括CD、WAV、MP3、MID、WMA、RM等。

4. 视频

视频数据是指连续的图像序列。在计算机中，视频数据一般用视频文件的格式来保存。视频文件常见的格式包括MPEG-4、AVI、DAT、RM、MOV、ASF、WMV、DivX等。

1.1.3 数据组织形式

计算机系统中的数据组织形式主要有两种：文件和数据库。

1. 文件

计算机系统中的很多数据都是以文件形式存在的，比如一个文本文件、一个网页文件、一个图片文件等。一个文件的文件名包含主名和扩展名，扩展名用来表示文件的类型，比如文本、图片、音频、视频等。在计算机中，文件是由文件系统负责管理的。

2. 数据库

计算机系统中另一种非常重要的数据组织形式就是数据库。今天，数据库已经成为计算机软件开发的基础和核心之一，在人力资源管理、固定资产管理、制造业管理、电信管理、销售管理、售票管理、银行管理、股市管理、教学管理、图书馆管理、政务管理等领域发挥着至关重要的作用。从 1968 年 IBM 公司推出第一个大型商用数据库管理系统 IMS 到现在，数据库已经经历了层次数据库、网状数据库、关系数据库和非关系型数据库（NoSQL）数据库等多个发展阶段。关系数据库目前仍然是数据库的主流，大多数商业应用系统都构建在关系数据库基础之上。但是随着 Web2.0 的兴起，据 IDC（国际数据公司）预测，2018 年到 2025 年之间，全球产生的数据中超过 80%的数据都会是处理难度较大的非结构化数据。预计到 2030 年全球数据总量将达到 35 000 EB。因此，能够更好地支持非结构化数据管理的 NoSQL 数据库有着更广阔的舞台。

1.1.4 数据的使用

既然我们的身边存在各种各样的数据，那么我们应该如何把数据变得可用呢？

第一步：数据清洗。使用数据的第一步通常是数据清洗，也就是把数据变成一种可用的状态。这个过程需要借助于工具去实现数据转换，比如 UNIX 工具 AWK、XML 解析器和机器学习库等。此外，脚本语言，比如 Perl 和 Python，也可以在这个过程发挥重要的作用。一旦完成数据的清洗，就要开始关注数据的质量。对于来源、类型多样的数据而言，数据缺失和语义模糊等问题是不可避免的，必须采取相应措施有效解决这些问题。

第二步：数据管理。数据经过清洗以后，被存放到数据库系统中进行管理。从 20 世纪 70 年代到 21 世纪前十年，关系数据库一直占据主流地位，它以规范化的行和列的形式保存数据，并可进行各种查询操作，同时支持事务一致性功能，很好地满足了各种商业应用的需求，从而长期占据市场垄断地位。但是，随着 Web2.0 应用的不断发展，非结构化数据开始迅速增加，关系数据库擅长管理结构化数据，对于管理大规模非结构化数据则显得力不从心，暴露了很多难以克服的问题。NoSQL 数据库（非关系数据库）的出现，有效满足了人们对非结构化数据进行管理的市场需求，并由于其本身的特点得到了非常迅速的发展。

第三步：数据分析。存储数据是为了更好地分析数据，分析数据需要借助数据挖掘和机器学习算法，同时需要使用相关的大数据处理技术。Google 提出了面向大规模数据分析的分布式编程模型（MapReduce），Hadoop 则为其开源实现。MapReduce 将复杂的、运行于大规模集群上的并行计算过程高度地抽象为两个函数——Map 和 Reduce，一个 MapReduce 作业通常会把输入的数据集切分为若干独立的小数据块，由 Map 任务以完全并行的方式处理它们，这大大提高了数据分析的速度。此外，构建统计模型对数据分析也十分重要。统计是数据分析的重要方式，在众多开源的统计分析工具中，R 语言和它的综合类库 CRAN 是很重要的。为了能够让数据"说话"，使分析结果更容易被人理解，还需要对分析结果进行可视化。可视化对于数据分析来说是一项非常重要的工作，如果需要找出数据的差别，就需要画图帮助人们进行直观理解，继而找出问题所在。

这里以数据仓库为例说明数据在企业中的使用方法。很多企业为了支持决策分析会构建数据仓库系统，其中会存放大量的历史数据。这些数据来自不同的数据源，利用抽取、转换、加载（Extract-Transform-Load，ETL）工具将数据加载到数据仓库，并且不进行更新。技术人员可以利用数据挖掘和联机处理分析（Online Analytical Processing，OLAP）工具从这些静态历史数据中找到对企业有价值的信息。

1.1.5　数据的价值

数据的价值在于可以为人们找出答案。数据往往是为了某个特定目的被收集的，数据的价值是不断被人发现。在过去，一旦数据的基本用途实现了，其往往就会被删除，一方面是由于过去的存储技术落后，存储空间有限，人们需要删除旧数据来存储新数据，另一方面是人们没有认识到数据的潜在价值。比如，在淘宝或者京东搜索一件衣服，当输入关键字如性别、颜色、布料、款式后，消费者很容易就会找到自己心仪的产品，当购买行为结束后，这些数据就会被消费者删除。但是，对于这些购物网站，它们会记录和整理这些购买数据，当海量的购买数据被收集后，就可以预测未来将流行的产品特征等。

数据的价值不会因为不断使用而被削减，反而会因为不断重组而变得更大。比如，将一个地区的物价、地价、高档轿车的销售数量、二手房转手的频率、出租车密度等各种不相关的数据整合到一起，可以精准地预测该地区的房价走势。这种方式已经被国外很多房地产网站所采用。而这些被整合起来的数据，并不妨碍下一次因为别的目的而被重新整合。也就是说，数据没有因为被使用一次或两次而造成价值衰减，反而会在不同的领域产生更多的价值。基于以上数据的价值特性，各类收集来的数据应当被尽可能长时间地保存下来，同时还应当在一定条件下与全社会分享，并产生更大的价值。数据的潜在价值往往是收集者不可想象的。当今世界人们已经逐步产生了一种共识，在大数据时代以前，极具价值的商品是石油，而今天和未来极具价值的商品是数据。目前拥有大量数据的谷歌、亚马逊等公司，每个季度的利润总和高达数十亿甚至上百亿美元，并仍在快速增长，这些都是数据价值的最好佐证。因此，要实现大数据时代思维方式的转变，就必须正确认识数据的价值。数据已经具备了资本的属性，可以用来创造经济价值。

1.1.6　数据爆炸

人类进入信息社会以后，数据以几何级数增长，其产生不以人的意志为转移。从 1986 年开始到 2010 年的 24 年时间里，全球数据量增长了约 100 倍，今后的数据量增长速度将更快。

我们正生活在一个"数据爆炸"的时代。一方面是互联网数据迅速增加。随着 Web2.0 和移动互联网的快速发展,人们已经可以随时随地通过博客、微博、微信、抖音等发布各种信息。另一方面是物联网设备源源不断生成新的数据。今天,世界上只有约 25%的设备是联网的,在联网设备中大约 80%是计算机和手机,而在不远的将来,随着物联网的全面发展,汽车、家用电器、生产机器等各种设备也将联入物联网,这些设备每时每刻都会自动产生大量数据。综上所述,人类社会正经历第二次数据爆炸(如果把印刷在纸上的文字和图形也看作数据,那么,人类历史上第一次数据爆炸发生在造纸术和印刷术普及的时期),各种数据产生速度之快,产生数据量之大,已经远远超出人类的预期,"数据爆炸"成为大数据时代的鲜明特征。

在数据爆炸的今天,人类一方面对知识充满渴求,另一方面为数据的复杂特征所困惑。数据爆炸对科学研究提出了更高的要求。人类需要设计出更加灵活高效的数据存储、处理和分析工具,来应对大数据时代的挑战,由此,必将带来云计算、数据仓库、数据挖掘等技术和应用的提升或者根本性的改变。在存储(存储技术)领域,需要实现低成本的大规模分布式存储;在网络效率(网络技术)方面,需要实现即时响应以满足用户体验功能;在数据中心方面,需要开发更加绿色节能的新一代数据中心,在有效面对大数据处理需求的同时,实现最大化资源利用率、最小化系统能耗的目标。

1.2 什么是大数据

大数据本身是一个抽象的概念。从一般意义上讲,大数据是指无法在有限时间内用常规软件工具对其进行获取、存储、管理和处理的数据集合。目前,业界对大数据还没有一个统一的定义,但是大家普遍认为,大数据具备 Volume、Variety、Velocity、Value 和 Veracity 五个特征,简称"5V",即数据体量巨大、数据类型繁多、数据速度快、数据价值密度低和真实性差,如图 1-1 所示。下面分别对每个特征作简要描述。

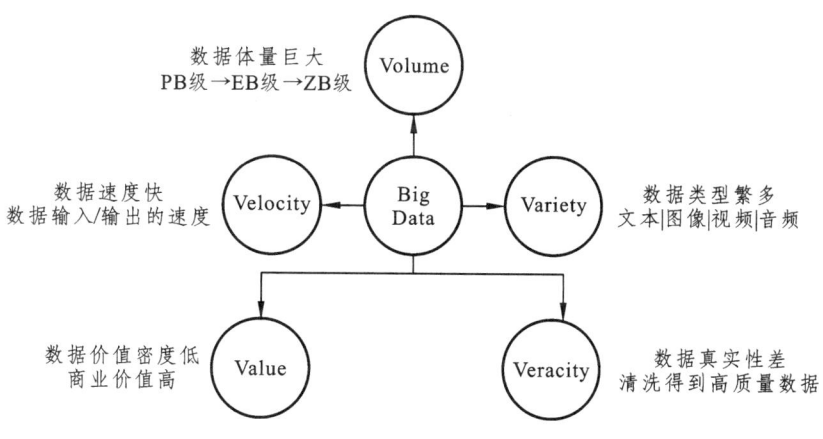

图 1-1 大数据特征

1.2.1 数据容量(Volume)

大数据的数据体量巨大,其集合的规模不断扩大,已经从 GB 级增加到 TB 级或 PB 级,近年来，数据量甚至开始以 EB 和 ZB 来计数。例如，一个中型城市的视频监控信息一天就能达到几十太字节（TB）的数据量。百度首页导航每天需要提供的数据超过 1.5 PB，如果将这些数据打印出来，会有超过 5 000 亿张 A4 纸。

1.2.2　数据类型（Variety）

大数据的数据类型繁多。传统 IT 信息技术产业产生和处理的数据类型较为单一，大部分是结构化数据。随着传感器、智能设备、社交网络、物联网、移动计算、在线广告等新的渠道和技术不断涌现，产生的数据类型越来越多。现在的数据类型不再只是格式化数据，更多的是半结构化或者非结构化数据，如 XML、邮件、博客、即时消息、视频、照片、点击流、日志文件等。企业需要整合、存储和分析来自复杂的传统和非传统信息源的数据，包括企业内部和外部的数据。

1.2.3　价值密度（Value）

由于体量不断加大，大数据单位数据的价值密度在不断降低，然而数据的整体价值在提高。以监控视频为例，在 1 小时的视频中，有用的数据可能仅仅只有数秒，但是却非常重要。现在许多专家已经将大数据的价值等同于黄金和石油，这表示大数据当中蕴含了无限的商业价值。

根据中商产业研究院发布的 2023 年中国大数据产业市场前景及投资研究报告显示，2022 年中国大数据产业规模达到 1.57 万亿元，同比增长 18%。随着大数据在各行业的融合应用不断深化，预计 2025 年中国大数据市场产值将突破 3 万亿元。

通过对大数据进行处理，找出其中潜在的商业价值，将会产生巨大的商业利润。

1.2.4　速度（Velocity）

大数据数据产生、处理和分析的速度在持续加快。加速的原因是数据创建的实时性特点，以及将流数据结合到业务流程和决策过程中的需求。数据的处理模式已经开始从批处理转向流处理。业界对大数据的处理能力有一个称谓——"1 秒定律"，也就是说，可以从各种类型的数据中快速获得高价值的信息。大数据的快速处理能力充分体现出它与传统的数据处理技术的本质区别。

1.2.5　真实性（Veracity）

大数据的数据真实性差。真实性是指数据是真实的，而不是假冒的。准确性是真实性的具体描述，对不真实的数据进行清洗、集成和整合之后，才能获得高质量的数据，再进行分析。也就是说，采集来的大数据不能保证完全真实性，但是，大数据分析需要真实的数据。数据越真实，则数据质量越高。

1.3 从 IT 时代到大数据时代

近年来，信息技术迅猛发展，尤其是以互联网、物联网、信息获取、社交网络等为代表，其技术发展日新月异，这促使手机、便携式计算机、台式计算机等各式各样的信息设备随处可见。另外，随着虚拟网络快速发展，数据的来源及其数量正以前所未有的速度增长。伴随着云计算、大数据、物联网、人工智能等信息技术的快速发展和传统产业数字化的转型，数据量呈现几何级增长，根据市场研究资料显示，全球数据总量将从 2016 年的 16.1 ZB 增长到 2025 年预计的 163 ZB（约合 180 万亿 GB），十年内增长了 10 倍，复合增长率为 26%，如图 1-2 所示。因此，数据的爆炸性增长态势，以及其数据构成特点使得人们进入了"大数据"时代。

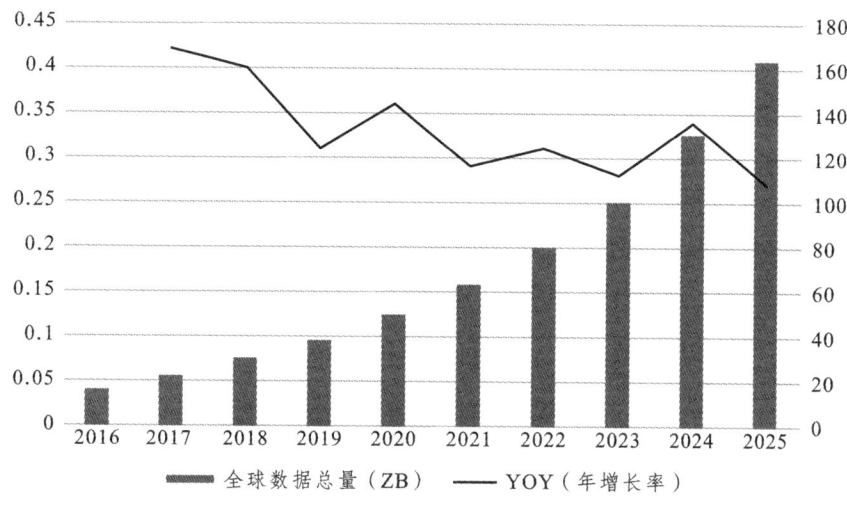

图 1-2　2016—2025 年全球数据产量统计及预测

如今，大数据已经被赋予多重战略含义。在资源的角度，数据被视为"未来的石油"，被作为战略性资产进行管理；从国家治理角度，大数据被用来提升治理效率，重构治理模式，破解治理难题，它将掀起一场国家治理革命；从经济增长角度，大数据是全球经济低迷环境下的产业亮点，是战略性新兴产业的最活跃部分；从国家安全角度，全球数据空间巨大，对大数据处理能力成为大国之间博弈和较量的利器。总之，国家竞争焦点将从资本、土地、人口、资源转向数据空间，全球竞争版图将分成两大阵营：数据强国与数据弱国。

从宏观上看，由于大数据革命的系统性影响和深远意义，主要国与地区快速做出战略响应，将大数据置于非常核心的位置，推出国家级创新战略计划。美国 2012 年发布了《大数据研究和发展计划》，并成立"大数据高级指导小组"，2013 年又推出"数据—知识—行动"计划，2014 年进一步发布《大数据：把握机遇，维护价值》政策报告，启动"公开数据行动"，陆续公开 50 个门类的政府数据，鼓励商业部门进行开发和创新。欧盟正在力推《数据价值链战略计划》；英国发布了《英国数据能力发展战略规划》；日本发布了《创建最尖端 IT 国家宣言》；韩国提出了"大数据中心战略"。中国多个省市发布了大数据发展策略，国家层面的《促进大数据发展的行动纲要》也于 2015 年正式通过。

从微观上看，大数据重塑了企业的发展战略和转型方向。美国的企业以 GE（通用电气公司）

提出的"工业互联网"为代表，提出智能机器、智能生产系统、智能决策系统，该系统将逐渐取代原有的生产体系，构成一个"以数据为核心"的智能化产业生态系统。德国的企业以"工业4.0"为代表，要通过信息物理系统（Cyber Physical System，CPS）把一切机器、物品、人、服务、建筑统统连接起来，形成一个高度整合的生产系统。中国的企业以阿里巴巴提出的"DT时代"（Data Technology）为代表，认为未来驱动发展的不再是石油、钢铁，而是数据。这3种新的发展理念可谓异曲同工、如出一辙，共同宣告"数据驱动发展"成为时代主题。

与此同时，大数据也是促进国家治理变革的基础性力量。正如《大数据时代》的作者舍恩伯格在定义中所强调的：大数据是人们在大规模数据的基础上可以做到的事情，而这些事情在小规模数据的基础上是无法完成的。在国家治理领域，大数据为解决以往的"顽疾"和"痛点"，提供了强大支撑，如建设阳光政府、责任政府、智慧政府；大数据使以往无法实现的环节变得简单、可操作，如精准医疗、个性化教育、社会监管、舆情监测预警；大数据也使一些新的主题成为国家治理的重点，如维护数据主权，开放数据资产，保持在数字空间的国家竞争力等。

中国具备成为数据强国的优势。中国的数据量在2013年已达到576 EB，2020年这个数字达到8.06 ZB，增长超过12倍。从全球占比来看，中国成为数据强国的潜力极为突出，2010年中国数据占全球数据的比例为10%，2013年占比为13%，2020年占比达到18%，如图1-3所示。中国成为数据大国的原因是中国是人口大国、制造业大国、互联网大国、物联网大国，这都是最活跃的数据生产主体，这是逻辑上的必然结果。

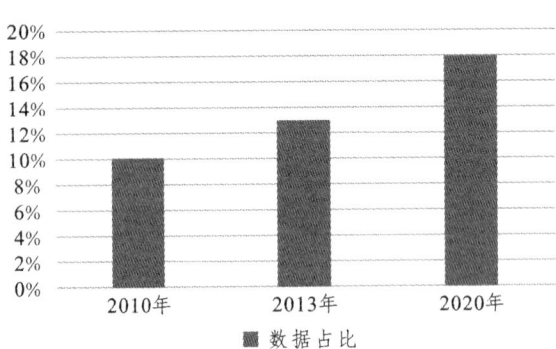

图1-3　2010—2020年中国数据的全球占比

1.4　大数据的产生与作用

大数据是信息通信技术发展积累至今，按照自身技术发展逻辑，从提高生产效率向更高级智能阶段迈进的自然生长结果。无处不在的信息感知和采集终端为我们采集了海量的数据，而以云计算为代表的计算技术的不断进步，为我们提供了强大的计算能力。

1.4.1　大数据的产生

从采用数据库作为数据管理的主要方式开始，人类社会的数据产生方式大致经历了3个阶段，而正是数据产生方式的巨大变化才最终导致大数据的产生。

1. 运营式系统阶段

数据库的出现使得数据管理的复杂度大大降低，在实际使用中，数据库大多为运营系统所采用，作为运营系统的数据管理子系统，如超市的销售记录系统、银行的交易记录系统、医院病人的医疗记录等。人类社会数据量的第一次大的飞跃正是运营式系统广泛使用数据库时开始的。这个阶段的最主要特点是，数据的产生往往伴随着一定的运营活动，而且数据是记录在数据库中的。例如，商店每售出一件产品就会在数据库中产生一条相应的销售记录。这种数据的产生方式是被动的。

2. 用户原创内容阶段

互联网的诞生促使人类社会数据量出现第二次大的飞跃，但是真正的数据爆发产生于Web 2.0时代，而Web 2.0的最重要标志就是用户原创内容。这类数据近几年一直呈现爆炸性的增长，主要有两个方面的原因：一是以博客、微博和微信为代表的新型社交网络的出现和快速发展，使得用户产生数据的意愿更加强烈；二是以智能手机、便携式计算机为代表的新型移动设备的出现，这些易携带、全天候接入网络的移动设备使得人们在网上发表自己意见的途径更为便捷。这个阶段的数据产生方式是主动的。

3. 感知式系统阶段

人类社会数据量第三次大的飞跃最终导致了大数据的产生，今天我们正处于这个阶段。这次飞跃的根本原因在于感知式系统的广泛使用。随着技术的发展，人们已经有能力制造极其微小的带有处理功能的传感器，并开始将这些设备广泛地布置于社会的各个角落，通过这些设备来对整个社会的运转进行监控。这些设备会源源不断地产生新数据，这种数据的产生方式是自动的。

简单来说，数据产生经历了被动、主动和自动三个阶段。这些被动、主动和自动的数据共同构成了大数据的数据来源，但其中自动式的数据才是大数据产生的最根本原因。

1.4.2 大数据的作用

大数据虽然孕育于信息通信技术，但它对社会、经济、生活产生的影响绝不限于技术层面。更本质上，它为我们看待世界提供了一种全新的方法，即决策行为将日益基于数据分析，而不是像过去更多凭借经验和直觉。具体来讲，大数据将有以下作用。

第一，对大数据的处理分析正成为新一代信息技术融合应用的节点。移动互联网、物联网、社交网络、数字家庭、电子商务等是新一代信息技术的应用形态，这些应用不断产生大数据。云计算为这些海量、多样化的大数据提供存储和运算平台。通过对不同来源数据的管理、处理、分析与优化，将结果反馈到上述应用中，将创造出巨大的经济和社会价值，大数据具有催生社会变革的能量。

第二，大数据是信息产业持续高速增长的新引擎。面向大数据市场的新技术、新产品、新服务、新业态会不断涌现。在硬件与集成设备领域，大数据将对芯片、存储产业产生重要影响，还将催生出一体化数据存储处理服务器、内存计算等市场业务。在软件与服务领域，大数据将引发数据快速处理分析技术、数据挖掘技术和软件产品的进一步发展。

第三，对大数据的利用将成为提高核心竞争力的关键因素。各行各业的决策正在从"业务驱动"向"数据驱动"转变。在商业领域，对大数据的分析可以使零售商实时掌握市场动态并迅速做出应对，可以为商家制定更加精准有效的营销策略并提供决策支持，可以帮助企业为消费者提供更加及时和个性化的服务；在医疗领域，可提高诊断准确性和药物有效性；在公共事业领域，大数据也开始发挥促进经济发展、维护社会稳定等方面的重要作用。

第四，大数据时代，科学研究的方法手段将发生重大改变。例如，抽样调查是社会科学的基本研究方法，在大数据时代，研究人员可通过实时监测、跟踪研究对象在互联网上产生的海量行为数据，进行挖掘分析，揭示出规律性的东西，进而提出研究结论和对策。

1.5 大数据时代的新理念

大数据时代的到来改变了人们的生活方式、思维模式和研究范式，我们可以总结出 10 个重大变化，如图 1-4 所示。

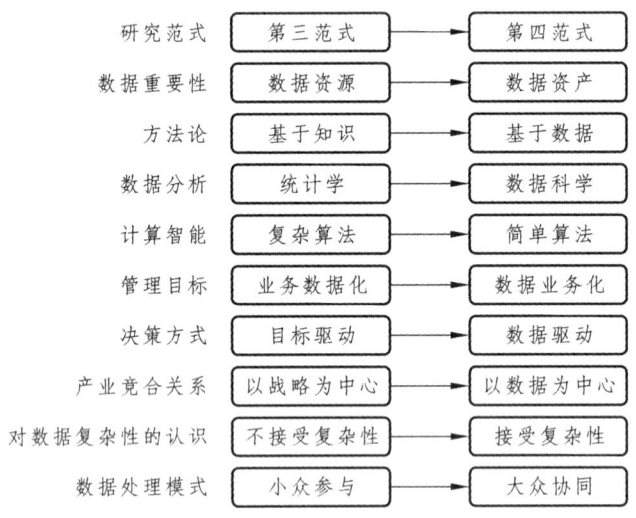

图 1-4 大数据时代的 10 个重大变化

1.5.1 对研究范式的新认识：从第三范式到第四范式

2007 年 1 月，图灵奖得主、关系型数据库鼻祖 Jim Gray 发表演讲，他凭着自己对人类科学发展特征的深刻洞察，敏锐地指出科学的发展正在进入"数据密集型科学发现范式"——科学史上的"第四范式"。

在他看来，人类科学研究活动已经历过三种不同范式的演变过程。"第一范式"是指原始社会的"实验科学范式"。18 世纪以前的科学进步均属于此列，其核心特征是对有限的客观对象进行观察、总结、提炼，用归纳法找出其中的科学规律，如伽利略提出的物理学定律。"第二范式"是指 19 世纪以来的理论科学阶段，以模型和归纳为特征的"理论科学范式"。其核心特征是以演绎法为主，凭借科学家的智慧构建理论大厦，如爱因斯坦提出的相对论、麦克斯方程组、量子理论和概率论等。"第三范式"是指 20 世纪中期以来的计算科学阶段的"计算科学范式"。面对大量过于复杂的现象，归纳法和演绎法都难以满足科学研究的需求，人类开始借助计算机的高级运算能力对复杂现象进行建模和预测，如天气、地震、核试验、原子的运动等。

然而，随着近年来人类采集数据量的爆炸性增长，传统的计算科学范式已经越来越无力驾驭海量的科研数据了。例如，欧洲的大型粒子对撞机、天文领域的 Pan-STARRS 望远镜每天产生的数据多达几千万亿字节（PB 级）。很明显，这些数据已经突破了"第三范式"的处理极限，无法被科学家有效利用。

正因为如此，目前正在从"计算科学范式"转向"数据密集型科学发现范式"。"第四范式"的主要特点是科学研究人员只需要从大数据中查找和挖掘所需要的信息和知识，无须直接面对所研究的物理对象。例如，在大数据时代，天文学家的研究方式发生了新的变化，其主要研究任务变为从海量数据库中发现所需的物体或现象的照片，而不再需要亲自进行太空拍照。

1.5.2 对数据重要性的新认识：从数据资源到数据资产

在大数据时代，数据不仅是一种"资源"，更是一种重要的"资产"。因此，数据科学应把数据当作一种"资产"来管理，而不能仅仅当作"资源"来对待。也就是说，与其他类型的资产相似，数据也具有财务价值，且需要作为独立实体进行组织与管理。

大数据时代的到来，让"数据即资产"成为最核心的产业趋势。在这个"数据为王"的时代，回首信息产业发展的起起伏伏，我们发现产业兴衰的决定性因素，已不光是土地、人力、技术、资本这些传统意义上的生产要素，还有曾经被一度忽视的"数据资产"。世界经济论坛报告曾经预测称，未来的大数据将成为新的财富高地，其价值可能会堪比石油。而大数据之父维克托也乐观地表示，数据列入企业资产负债表只是时间问题。

"数据成为资产"是互联网泛在化的一种资本体现，它让互联网不仅具有应用和服务本身的价值，而且具有了内在的"金融"价值。数据不再只是体现于"使用价值"方面的产品，而成为实实在在的"价值"。目前，作为数据资产先行者的 IT 企业，如苹果、谷歌、IBM、阿里、腾讯、百度等，无不想尽各种方式，挖掘多种形态的设备及软件功能，收集各种类型的数据，发挥大数据的商业价值，将传统意义上的 IT 企业，打造成为"终端+应用+平台+数据"四位一体的泛互联网化企业，以期在大数据时代获取更大的收益。

大数据资产的价值的衡量尺度主要有以下 3 个方面的标准。

1. 独立拥有及控制数据资产

目前，数据的所有权问题在业界还比较模糊。从拥有和控制的角度来看，数据可以分为Ⅰ型数据、Ⅱ型数据和Ⅲ型数据。

Ⅰ型数据主要是指数据的生产者自己生产出来的各种数据。例如，百度对使用其搜索引擎的用户的各种行为进行收集、整理和分析，这类数据虽然由用户产生，但产权却属于生产者，并能最大限度地发挥其商业价值。

Ⅱ型数据又称为入口数据。例如，各种电子商务营销公司通过将自身的工具或插件植入电商平台，来为其提供统计分析服务，并从中获取各类经营数据。虽然这些数据的所有权并不属于这些公司，在使用时也有一些规则限制，但是它们却有着对数据实际的控制权。

相比于前两类数据，Ⅲ型数据的产权情况比较复杂，它们主要利用爬取公开数据进行汇总。

2. 计量规则与货币资本类似

要实现大数据真正的资产化，采用货币对海量数据进行计量是一个大问题。尽管很多企业都意识到数据作为资产的可能性，但除了极少数专门以数据交易为主营业务的公司外，大多数公司都没有为数据的货币计量做出适当的账务处理。

虽然数据作为资产尚未在企业财务中得到真正的引用，但将数据列入无形资产比较有利。考虑到研发因素，很多高科技企业都具有较长的投入产出期，可以让那些存储在硬盘上的数据直接进入资产负债表。对于通过交易手段获得的数据，可以按实际支付价款作为入账价值计入无形资产，从而为企业形成有效税盾，降低企业实际税负。

3. 具有资本一般的增值属性

资本区别于一般产品的特征在于，它具有不断增值的可能性。只有能够利用数据、组合数据、转化数据的企业，他们手中的大数据资源才能成为数据资产。目前，直接利用数据为企业带来经济利益的方法主要有数据租售、信息租售、数据使能三种模式。其中，数据租售主要通过对业务数据进行收集、整理、过滤、校对、打包、发布等一系列操作，实现数据内在的价值。信息租售则通过聚焦行业焦点，收集相关数据，深度整合、萃取及分析，形成完整数据链条，实现数据的资产转化。数据使能是指类似于阿里这样的互联网公司通过提供大量的金融数据挖掘及分析服务，为传统金融行业难以下手的小额贷款业务开创新的行业增长点。

总而言之，作为信息时代核心的价值载体，大数据必然具有朝向价值本体转化的趋势，而它的"资产化"，或者未来更进一步的"资本化"蜕变，将为未来完全信息化、泛互联网化的商业模式打下基础。

1.5.3 对方法论的新认识：从基于知识到基于数据

传统的方法论往往是"基于知识"的，即从"大量实践（数据）"中总结和提炼出一般性知识（定理、模式、模型、函数等）之后，用知识去解决（或解释）问题。因此，传统的问题解决思路是"问题→知识→问题"，即根据问题找"知识"，并用"知识"解决"问题"。然而，数据科学中兴起了另一种方法论——"问题→数据→问题"，即根据"问题"找"数据"，并直接用"数据"（在不需要把"数据"转换成"知识"的前提下）解决"问题"，如图 1-5 所示。

1.5.4 对数据分析的新认识：从统计学到数据科学

在传统科学中，数据分析主要以数学和统计学为直接理论工具。但是，云计算等计算模式的出现及大数据时代的到来，提升了我们对数据的获取、存储、计算与管理能力，进而对统计学理论与方法产生了深远影响。大数据带给我们 4 个颠覆性的观念转变。

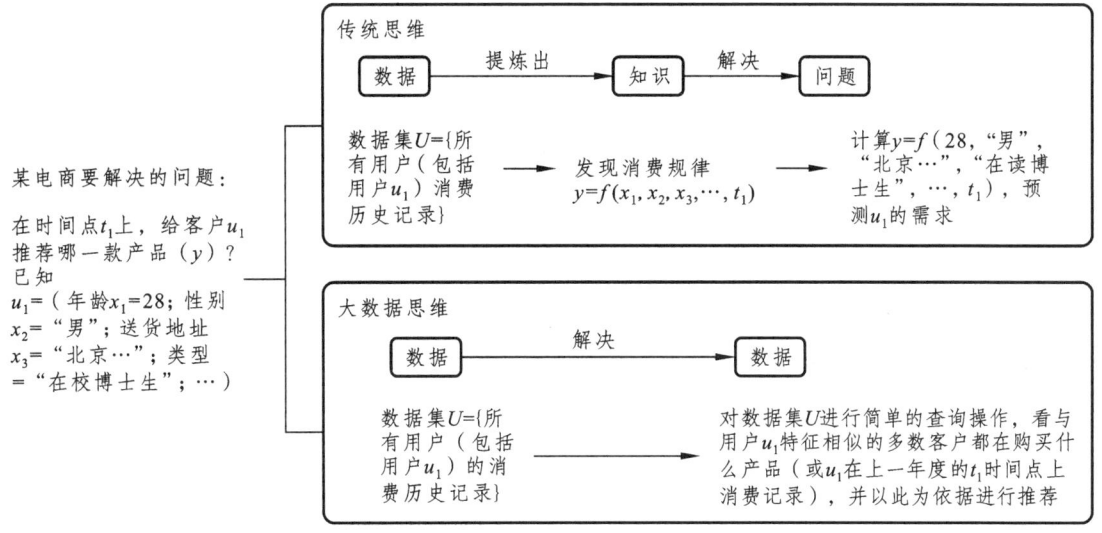

图 1-5 传统思维与大数据思维的比较

1. 不是随机样本，而是全体数据

在大数据时代，我们可以分析更多的数据，有时候甚至可以处理和某个特别现象相关的所有数据，而不再依赖于随机采样。以前我们通常把随机采样看成是理所应当的限制，但是真正的大数据时代是指不用随机分析法这样的捷径，而采用对所有数据进行分析的方法，通过观察所有数据，来寻找异常值进行分析。例如，信用卡诈骗是通过异常情况来识别的，只有掌握了所有数据才能做到这一点。在这种情况下，异常值是最有用的信息，可以把它与正常交易情况作对比从而发现问题。

2. 不是纯净性，而是混杂性

数据量的大幅增加会造成一些错误的数据混进数据集。但是，正因为我们掌握了几乎所有的数据，所以我们不再担心某个数据点对整套分析的不利影响。我们要做的就是要接受这些纷繁的数据并从中受益，而不是以高昂的代价消除所有的不确定性。这就是由"小数据"到"大数据"的改变。

3. 不是精确性，而是趋势

研究数据如此之多，以至于我们不再热衷于追求精确度。之前需要分析的数据很少，所以我们必须尽可能精确地量化我们的记录，但随着规模的扩大，对精确度的痴迷将减弱。拥有了大数据，我们不再需要对一个现象刨根问底，只要掌握了大体的发展方向即可，适当忽略微观层面上的精确度，会让我们在宏观层面拥有更好的洞察力。

例如，微信朋友圈中朋友发动态的时间，在一小时以内的会显示多少分钟之前，在一小时以外的就只显示几小时前；微信公众号中显示的阅读量，超过 10 万以后显示的就是 100 000+，而不是具体数据，因为超过 10 万的阅读量已经让我们觉得这篇文章很优秀了，没必要精确。

4. 不是因果关系，而是相关关系

在数据科学中，广泛应用"基于数据"的思维模式，重视对"相关性"的分析，而不是等到发现"真正的因果关系"之后才解决问题。在大数据时代，人们开始重视相关分析，而不仅仅是因果分析。我们无须再紧盯事物之间的因果关系，而应该寻找事物之间的相关关系。相关关系也许不能准确地告诉我们某件事情为何会发生，但是它会告诉我们某件事情已经发生了。

在大数据时代，我们不必非得知道现象背后的原因，而是要让数据自己发声。知道是什么就够了，没必要知道为什么。例如，知道用户对什么感兴趣即可，没必要去研究用户为什么感兴趣。相关关系的核心是量化两个数据值之间的数据关系。相关关系强是指当一个数据值增加时，其他数据值很有可能也会随之增加。相关关系是通过识别关联物来帮助我们分析某一现象的，而不是揭示其内部的运作。

通过找到一个现象良好的关联物，相关关系可以帮助我们捕捉现在和预测未来。例如，如果 A 和 B 经常一起发生，我们只需要注意 B 是否发生，就可以预测 A 是否也发生了。

1.5.5 对计算智能的新认识：从复杂算法到简单算法

"只要拥有足够多的数据，我们可以变得更聪明"是大数据时代的一个新认识。因此，在大数据时代，原本复杂的"智能问题"变成简单的"数据问题"。只要对大数据进行简单查询就可以达到"基于复杂算法的智能计算的效果"。为此，很多学者曾讨论过一个重要话题——"大数据时代需要的是更多的数据还是更好的模型？"

机器翻译是传统自然语言技术领域的难点，虽曾提出过很多种算法，但应用效果并不理想。IBM 曾将某中文报社历年的文本输入计算机，试图破译中文的语言结构，例如，实现中文的语音输入或者中英互译。这项技术在 20 世纪 90 年代就取得突破，但进展缓慢，在应用中还是有很多问题。近年来，Google 翻译等工具改变了"实现策略"，不再依靠复杂算法进行翻译，而是通过对他们之前收集的跨语言语料库进行简单查询的方式，提升了机器翻译的效果和效率。他们并不教给计算机所有的语言规则，而是其自己去发现这些规则。计算机通过分析经过人工翻译的数以千万计的文件来发现其中的规则。这些翻译结果源自图书、各种机构（如联合国）及世界各地的网站。他们的计算机会扫描这些语篇，从中寻找在统计学上非常重要的模式，即翻译结果和原文之间并非偶然产生的模式。一旦找到了这些模式，今后计算机就能使用这些模式来翻译其他类似的语篇。通过数十亿次重复使用，就会得出数十亿种模式及一个异常聪明的电脑程序。但是对于某些语言来说，能够使用到的已翻译完成的语篇非常少，因此 Google 的软件所探测到的模式就相对很少。这就是为什么 Google 的翻译质量会因语言对的不同而不同。通过不断向计算机提供新的翻译语篇，Google 就能让计算机更加聪明，使翻译结果更加准确。

1.5.6 对管理目标的新认识：从业务数据化到数据业务化

在传统数据管理中，企业更加关注的是业务的数据化问题，即如何将业务活动以数据方式记录下来，以便进行业务审计、分析与挖掘。在大数据时代，企业需要重视一个新的课题——数据业务化,即如何基于数据动态地定义、优化和重组业务及其流程,进而提升业务的敏捷性,降低风险和成本。业务数据化是前提,而数据业务化是目标。

电商的经营模式与实体店最本质的区别是,电商会记录用户的每一个购买行为,例如收藏、加入购物车、购买等。也正是因为可以用数字化的形式保留每一笔销售的明细,电商可以清楚地掌握每一件商品到底卖给了谁。此外,依托互联网这个平台,电商还可以记录每一个消费者的鼠标单击记录、网上搜索记录。所有这些记录形成了一个关于消费者行为的实时数据闭环,通过这个闭环中源源不断产生的新鲜数据,电商可以更好地洞察消费者,更及时地预测其需求的变化,经营者和消费者之间因此产生了很强的黏性。

线下实体商店很难做到这一点,他们可能只知道一个省、一个市或者一个地区卖了多少商品,但是,他们很难了解到所生产、经营的每一件商品究竟卖到了哪一个具体的地方,哪一个具体的人,这个人还买了其他什么东西,查看了哪些商品,可能会喜欢什么样的商品等。也就是说,线下实体店即使收集了一些数据,但其数据的粒度、宽度、广度和深度都非常有限。由于缺乏足够的数据,实体店对自己的经营行为,对消费者的洞察力以及和消费者之间的黏性都十分有限。

因此互联网化的核心和本质即是数据化。这并不是简单的数据化,而是所有业务过程都要数据化,即把所有的业务过程记录下来,形成一个数据的闭环,这个闭环的实时性和效率是关键的指标。该思想就是一切业务都要数据化。

在大数据时代,企业不仅仅把业务数据化,更重要的是把数据业务化,也就是把数据作为直接生产力,将数据价值直接通过前台产品作用于消费者。数据可以反映用户过去的行为轨迹,也可以预测用户将来的行为倾向。比较好理解的一个实例就是关联推荐,当用户买了一个商品之后,可以给用户推荐一个最有可能再买的商品。个性化是数据作为直接生产力的一个具体体现。

随着数据分析工具与数据挖掘渠道的日益丰富与多样,数据存量越来越大,数据对企业也越来越重要。数据业务化能够给企业带来的业务价值主要包括以下几点:提高生产过程的资源利用率,降低生产成本;根据商业分析提高商业智能的准确率,降低传统"凭感觉"做决策的业务风险;动态价格优化利润和增长;获取优质客户。目前,越来越多的企业级用户已经考虑从批量分析向近实时分析发展,从而提高 IT 创造价值的能力。同时,数据分析正在快速从商业智能向用户智能发展。数据业务化可以让数据给企业创造额外收益和价值。

1.5.7 对决策方式的新认识:从目标驱动型到数据驱动型

传统科学思维中,决策制定往往是"目标"或"模型"驱动的,也就是根据目标(或模型)进行决策。然而,大数据时代出现了另一种思维模式,即数据驱动型决策,数据成为决策制定的主要触发条件和重要依据。

小数据时代,企业讨论事情时,许多时候是凭个人经验来决策的,流程如图 1-6 所示。其由两个环节组成:一个是个人决策,另一个是研发功能。基本上就是产品经理通过一些调研,构想了一个功能,再做设计,接下来就是把这个功能研发出来,然后看一下效果如何,再做下一步。整个过程都是凭个人经验来决策的。这种方式总是会出现问题,很容易走一些弯路,很有可能做出错误的决定。

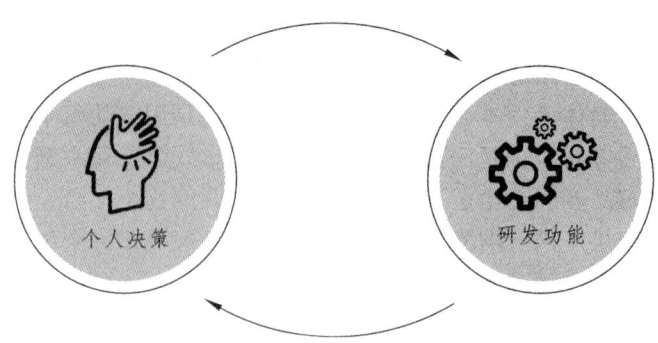

图 1-6　产品迭代的错误流程

数据驱动型决策加入了数据分析环节，如图 1-7 所示。基本流程就是企业有一些初始策略，通过其去研发功能，之后要进行数据收集，然后进行数据分析，基于数据分析得到一些结论，然后基于这些结论，再去进行下一步的研发。整个过程就形成了一个循环。在这种决策流程中，人为的因素影响越来越少，而主要是用一种科学的方法来进行产品的迭代。

例如，一个产品的界面到底是绿色背景好还是蓝色背景好，从设计的层面考虑，两者是都有可能的。那么就可以做一下 A/B 测试。可以对 50% 的人显示绿色背景，对另外 50% 的人显示蓝色背景，然后看用户点击量。哪个点击比较多，就选择哪个。这就是数据驱动基本原理，这样就转变成不凭个人经验做决策，而是通过数据去做决策。

相比于基于本能、假设或认知偏见而做出的决策，基于证据的决策更可靠。通过数据驱动的方法，企业能够判断趋势，从而展开有效行动，帮助自己发现问题，推动创新或解决方案的出现。

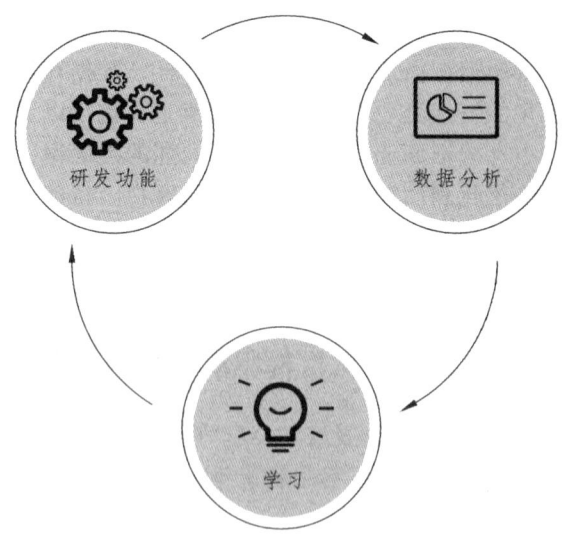

图 1-7　数据驱动的产品迭代流程

1.5.8　对产业竞合关系的新认识：从以战略为中心到以数据为中心

在大数据时代，企业之间的竞合关系发生了变化，原本相互竞争，甚至不愿合作的企业，不得不开始合作，以形成新的业态和产业链。

所谓竞合关系，是指在竞争中合作，在合作中竞争。它的核心思想主要体现在两个方面：创造价值与争夺价值。创造价值是个体之间相互合作、共创价值的过程；争夺价值则是个体之间相互竞争、分享价值的过程。竞合的思想就是要求所有参与者共同把蛋糕做大，每个参与者最终分得的部分都会相应增加。

传统的竞合关系以战略为中心，德国 BMW 公司和 Mercedes-Benz 公司旗下的奔驰品牌在整车制造领域存在着品牌竞争，但双方不仅共同开发、生产及采购汽车零部件，而且在混合动力技术领域进行研究合作。为了能够在激烈的市场竞争中获取优势，两家公司通过竞合战略，互通有无、共享资源，从而在汽车业整体利润下滑的趋势下获得相对较好的收益，最终取得双赢。

在大数据时代，竞合关系是以数据为中心的。数据产业就是从信息化过程累积的数据资源中提取有用信息进行创新，并将这些数据创新赋予商业模式。这种由大数据创新所驱动的产业化过程具有"提升其他产业利润"的特征，除了能探索新的价值、创造与获取方式以谋求本身发展外，还能帮助传统产业突破瓶颈、升级转型，是一种新的竞合关系，而非一般观点的"新兴科技催生的经济业态与原有经济业态存在竞争关系"。所以，数据产业培育围绕传统经济升级转型，依附传统行业企业共生发展，是最好的发展策略。例如，近年来发展火热的团购，就是数据产业帮助传统餐饮业、旅游业和交通行业的升级转型。提供团购业务的企业在获得收益的同时，也提高了其他传统行业的效益。但是，传统企业与团购企业也存在着一定的竞争关系。传统企业在与团购企业合作的过程中，也会尽力防止自己的线下业务全部转为自己不能掌控的团购业务。

团购网站为了能获得更广的用户群、更大的流量来提升自己的市场地位，除了自身扩展商户和培养网民习惯之外，还纷纷采取了合纵连横的发展战略。聚划算、京东团购、当当团购、58 团购等纷纷开放平台，吸引了窝窝等团购网站的入驻，投奔平台正在成为行业共识。对于独立团购网站来说，入驻电商平台不仅能带来流量，电商平台在实物销售上的积累对其实物团购也有一定的促进作用。

1.5.9 对数据复杂性的新认识：从不接受到接受数据的复杂性

在传统科学看来，数据需要彻底"净化"和"集成"，计算的目的是找出"精确答案"，而其背后的哲学思想是"不接受数据的复杂性"。然而，大数据中更加强调的是数据的动态性、异构性和跨域等复杂性，开始把"复杂性"当作数据的一个固有特征来对待，组织数据生态系统的管理目标开始转向将组织处于混沌边缘状态。

在小数据时代，对于数据的存储与检索一直依赖于分类法和索引法的机制，这种机制是以预设场域为前提的。这种结构化数据库的预设场域能够卓越地展示数据的整齐排列与准确存储，与追求数据的精确性目标是完全一致的。在数据稀缺与问题清晰的年代，这种基于预设的结构化数据库能够有效地回答人们的问题，并且这种数据库在不同的时间能够提供一致的结果。

面对大数据，数据的海量、混杂等特征会使预设的数据库系统崩溃。其实，数据的纷繁杂乱才真正呈现出世界的复杂性和不确定性特征，想要获得大数据的价值，承认混乱而不是避免混乱才是一种可行的路径。为此，伴随着大数据的涌现，出现了非关系型数据库，它不需要预先设定记录结构，而且允许处理各种各样形形色色参差不齐的数据。因为包容了结构的多样性，这些无须预设的非关系型数据库设计能够处理和存储更多的数据，成为大数据时代的重要应对手段。

在大数据时代，海量数据的涌现一定会增加数据的混乱性且会造成结果的不准确性，如果仍然依循准确性，那么将无法应对这个新的时代。大数据通常都用概率说话，与数据的混杂性可能带来的结果错误性相比，数据量的扩张带给我们的新洞察、新趋势和新价值更有意义。因此，与致力于避免错误相比，对错误的包容将会带给我们更多信息。其实，允许数据的混杂性和容许结果的不精确性才是我们拥抱大数据的正确态度，未来我们应当习惯这种思维。

1.5.10　对数据处理模式的新认识：从小众参与到大众协同

在传统科学中，数据的分析和挖掘都是具有很高专业素养的"企业核心员工"的事情，企业管理的重要目的是如何激励和考核这些"核心员工"。但是，在大数据时代，基于"核心员工"的创新工作成本和风险越来越大，而基于"专家余（Pro-Am）"的大规模协作日益受到重视，正成为解决数据规模与形式化之间矛盾的重要手段。

大规模生产让越来越多的人买得起商品，但商品本身却是一模一样的。企业面临这样一个矛盾：定制化的产品更能满足用户的需求，但却非常昂贵；与此同时，量产化的商品价格低廉，但无法完全满足用户的需求。如果能够做到大规模定制，为大量用户定制产品和服务，则能使产品成本低，又兼具个性化，从而使企业有能力满足要求，但价格又不至于像手工制作那般让人无法承担。因此，在企业可以负担得起大规模定制带来的高成本的前提下，要真正做到个性化产品和服务，就必须对用户需求有很好的了解，这就需要用户提前参与到产品设计中。在大数据时代，用户不再仅仅热衷于消费，他们更乐于参与到产品的创造过程中，大数据技术让用户参与创造与分享成果的需求得到实现。市场上传统的著名品牌越来越重视从用户的反馈中改进产品的后续设计和提高用户体验，例如，"小米"这样的品牌建立了互联网用户粉丝论坛，让用户直接参与到新产品的设计过程之中，充分发挥用户丰富的想象力，企业也能直接了解他们的需求。

本章小结

人类已经步入大数据时代，人们的生活被数据所环绕，并因为数据而发生了深刻的改变。作为大数据时代的公民，应该接近数据，了解数据，并利用好数据。因此，本章从数据入手，讲解了数据的概念、类型、组织形式、使用、价值等内容；然后把视角切入到大数据时代，介绍了大数据时代到来的背景及其发展历程，讨论了大数据的"5V"特性，对大数据的来源和思维做了一个基本介绍，特别是对大数据时代给人们的生活方式、思维模式和研究范式带来的改变做了详细的讲解，以便使学生在学习大数据技术之前，了解大数据的作用，并具有一定的大数据思维基础。

思考与练习

1. 请阐述数据的基本类型。
2. 请阐述把数据变得可用需要经过哪几个步骤。
3. 什么是大数据？大数据的 5 大特征是什么？
4. 什么是业务数据化？什么是数据业务化？它们之间的关系是什么？
5. 什么是数据资产化？数据资产化对企业的意义是什么？
6. 大数据给数据分析带来的 3 个颠覆性观念改变是什么？

第 2 章 大数据与当前热门技术

 本章导读

随着互联网与计算机技术的日渐成熟与普及，大数据与 5G（第五代移动通信技术）、云计算、人工智能、区块链等新技术加速融合，重塑技术架构、产品形态和服务模式，推动经济社会的全面创新。新一轮科技革命蓬勃发展，为人类社会造就了一个前所未有的工作方式，各行业各领域数字化进程不断加快，基于大数据的管理和决策模式日益成熟，为产业提质降本增效、政府治理体系和治理能力现代化广泛赋能。面对世界百年未有之大变局和新一轮科技革命和产业变革深入发展的机遇期，世界各国纷纷出台大数据战略，开启大数据产业创新发展新赛道。中央有关文件指出要聚力数据要素多重价值挖掘，抢占大数据产业发展制高点。

本章介绍云计算、物联网、人工智能等大数据热门技术的概念、发展历程、应用原理及重要相关知识点等。

 学习目标

（1）熟悉云计算的基本概念、特征、分类与应用领域。
（2）掌握大数据与物联网技术的概念、重要构成等相关知识。
（3）了解图灵测试、人工智能的研究方向和方法。

 思政目标

（1）学习大数据技术的基础知识，加强对前沿技术的了解，增强数据思维与大数据意识，激发学习兴趣。
（2）培养学生的团队协作能力，让学生认识到大数据项目的实现往往需要多学科、多领域的知识结合，需要团队协作完成，从而培养学生的团队协作能力。
（3）使学生了解国际上大数据新兴技术的发展动态，拓宽学生的国际视野，为我国大数据产业的发展做出贡献。

2.1 大数据与云计算

2.1.1 云计算的概念

云计算(Cloud Computing)是分布式计算技术的一种,它的原理是通过网络"云",将所运行的巨大的数据计算处理程序分解成无数个小程序,再交由计算资源共享池进行搜寻、计算及分析后,将处理结果回传给用户。

云连接着网络的另一端,为用户提供了可以按需获取的弹性资源和架构。用户按需付费,从云上获得需要的计算资源,包括存储、数据库、服务器、应用软件及网络等,大大降低了使用成本。

云计算的本质是从资源到架构的全面弹性,这种具有创新性和灵活性的资源降低了运营成本,更加契合变化的业务需求。

云计算就是把一个个服务器或者计算机连接起来构成一个庞大的资源池,以获得超级计算机的性能,同时又保证了较低的成本。云计算的出现使高性能并行计算走近普通用户,让计算资源像用水和用电一样方便,从而大大提高了计算资源的利用率和用户的工作效率。

云计算模式可以简单理解为,不论是服务的类型,还是执行服务的信息架构,依托互联网向用户提供应用服务,使其不需要了解服务器在哪里以及内部如何运作,通过浏览器即可使用。云计算概念如图 2-1 所示。

图 2-1 云计算概念图

"云"实质上就是一个网络,狭义上讲,云计算就是一种提供资源的网络,满足使用者随时获取"云"上的资源,按需求量使用,并且可以看成是无限扩展的。

从广义上说，云计算是与信息技术、软件、互联网相关的一种服务，这种计算资源共享池叫作"云"，云计算把许多计算资源集合起来，通过软件实现自动化管理，只需要很少的人参与，就能让资源被快速提供。也就是说，计算能力作为一种商品，可以在互联网上流通，就像水、电、煤气一样，可以方便地取用，且价格较为低廉。

总之，云计算不是一种全新的网络技术，而是一种全新的网络应用概念，云计算的核心概念就是以互联网为中心，在网站上提供快速且安全的云计算服务与数据存储，让每一个使用互联网的人都可以使用网络上的庞大计算资源与数据中心。

2.1.2 云计算特点

1. 超大规模

云计算的云由成千上万的服务器、存储设备和网络带宽组成，具有超大规模的计算和存储能力。

2. 虚拟化

云计算支持用户在"云"覆盖的范围内随时随地使用各种各样的终端获取云服务。用户所请求的资源来自"云"，而不是固定的物理实体。用户的应用在"云"中的运行，对用户来说是透明的，用户无须了解，也不用考虑该应用运行的具体位置。因此，只需要一台便携式计算机甚至一部手机，就可以通过网络来实现用户需要的服务，有时甚至包括超级计算。

3. 高可靠性

"云"使用了数据多副本容错、计算节点同构可互换等措施来保障服务的高可靠性，从而有效地保障了云计算的可靠性。

4. 通用性

云计算不针对任何特定的应用，在"云"的支撑下，我们可以构造出千变万化的应用，同一个"云"可以同时支撑不同的应用同时运行。

5. 高可扩展性

"云"的规模可以弹性伸缩，满足应用和用户规模增长的需要。

6. 按需服务

"云"是一个庞大的资源池，用户可根据自己的需要自行决定购买什么服务，购买多少服务，购买多长时间的服务等。

7. 极其廉价

（1）构建"云"的节点廉价。"云"由极其廉价的节点构成，而不采用复杂而昂贵的节点进行构建。

（2）管理成本廉价。"云"的自动化集中式管理使大量企业无须负担日益高昂的数据中心管理成本。

(3) 资源通用性强。"云"的强通用性使资源的利用率有大幅度提升。

云计算的缺点：云计算既提供计算服务，又提供数据存储服务，潜在的危险性较大。因此，数据的安全保障必须加强。

2.1.3　云计算的分类

1. 公有云

公有云（Public Cloud）通常指云的提供商向普通用户提供使用权的云。公有云一般可通过 Internet 使用，可在当今整个开放的公有网络中使用。一般来说，公有云可免费使用或其使用费用低。公有云的特点如下：

(1) 数据安全性相对较差。
(2) 价格相对便宜。云计算对用户端的设备要求较低。
(3) 数据共享方便。云计算可以轻松实现不同设备间的数据与应用共享。
(4) 多方式使用网络。云计算为用户使用网络提供了多种可能方式。

2. 私有云

私有云（Private Cloud）是为某一个特定客户单独使用而构建的，因而向该用户提供的对数据、安全及服务质量等的控制都是极为有效的，用户几乎可以完全控制在此私有云上部署的应用程序。私有云可被部署在企业数据中心的防火墙内，也可以被部署在一个安全的主机托管场所。私有云的特点如下：

(1) 数据相对安全。
(2) 服务质量稳定。
(3) 硬件受限制。
(4) 不影响私有云用户的现有 IT 管理的流程。假如使用公有云，IT 部门流程将会受到很多冲击，如在数据管理方面和安全规定等方面。

3. 混合云

混合云（Hybrid Cloud）融合了公有云和私有云，是近年来云计算的主要模式和发展方向。私有云主要面向企业用户，出于安全考虑，企业更愿意将数据存放在私有云中，但是同时又希望可以获得公有云的计算资源，在这种情况，混合云越来越多地被采用，它对公有云和私有云进行融合和匹配，以获得更佳的效果，这种个性化的解决方案，达到了既省钱又安全的目的。

2.1.4　云计算与分布式计算

分布式计算是一种把需要进行大量计算的整体数据分解为若干个小块数据，由多台计算机分别计算各个小块数据，然后将各个小块数据的计算结果统一合并，得到整体数据结论的计算方式。云计算本身也属于分布式计算的范畴，当然也具有分布式、并行等特征。但云计算并不是分布式计算的简单升级，它与分布式计算有着极大的差异。分布式中的计算节点的构建，一般是为完成某一个特定任务的需要而建立的，因此其节点具有较强的针对性，即通用性较差；云计算一般来说都是为通用应用而设计的，通用性更强。分布式计算作为一种面向特殊应用的解决方案，仍将继续在某些特别领域存在，而云计算则会深入地影响整个IT行业乃至人类社会的生产、生活。

云计算是一种"生产者-消费者"模型，用户通过互联网获取云计算系统提供的各种服务。分布式系统是一种"资源共享"模型，资源提供者亦可成为资源消费者。云计算采用集群来存储和管理数据资源，运行的任务以数据为中心，而分布式计算则以计算为中心。分布式系统将数据和计算资源虚拟化，而云计算则进一步将硬件资源虚拟化。分布式系统内各节点采用统一的操作系统，而云计算能够在各种操作系统的虚拟机上提供各种服务。

2.1.5 云计算的体系架构

云计算的典型服务模式有3类：软件即服务（Software as a Service，SaaS）、平台即服务（Platform as a Service，PaaS）和基础即服务（Infrastructure as a Service，IaaS）。云计算的架构如图2-2所示。

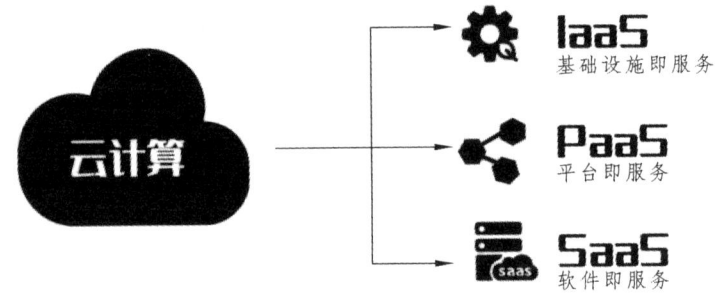

图 2-2 云计算的服务模式

1. SaaS

该层通过部署硬件基础设施对外提供服务。用户可以根据各自的需求购买虚拟或实体的计算、存储、网络等资源。用户可以在购买的空间内部署和运行包括操作系统和应用程序在内的软件，而不需管理或控制任何云计算基础设施（事实上也不能管理或控制），但用户可以选择操作系统、存储空间并部署自己的应用，也可以控制有限的网络组件（如防火墙、负载均衡器等）。

2. PaaS

该层将云计算应用程序开发和部署的平台作为一种服务提供给客户，该服务包括应用设计、应用开发、应用测试和应用托管等。开发者只需要上传代码和数据就可以使用云服务，而不需关心底层的具体实现方式和管理模式。

3. IaaS

该层指云计算服务商提供虚拟的硬件资源，用户通过网络租赁即可搭建自己的应用系统。IaaS属底层，是向用户提供可快速部署、按需分配、按需付费的高安全与高可靠的计算能力，并向用户提供存储能力的租用服务，还可为应用提供开放的云服务接口，用户可以根据业务需求，灵活租用相应的云基础资源。

无论是 SaaS、PaaS 还是 IaaS，其核心理念都是为用户提供按需服务。总体上来说，云计算通过互联网将超大规模的计算与存储资源整合起来，再以可信任服务的形式按需向用户提供服务。

2.1.6 大数据与云计算的区别和联系

首先，云计算为大数据提供了可以弹性扩展且又相对便宜的存储空间和计算资源，使中小企业可以通过云计算来完成大数据分析。

其次，云计算 IT 资源庞大，分布又相对广泛，是异构系统较多的企业及时准确处理数据的有力高效方式，甚至可以说是目前相对可实施的唯一的有效方式。大数据要走向云计算，还要依赖数据通信带宽的提高和云资源的建设，也需要确保原始数据较容易地迁移到云计算系统中，同时更需要云资源池能"随心所欲"地随需扩展。

大数据与云计算都是为数据存储和处理服务的，都需要占用大量的存储和计算资源，因而都要用到海量数据存储技术、海量数据管理技术等并行处理技术。

大数据与云计算主要有以下几点区别：

1. 目的不同

大数据的目的是充分挖掘海量数据中的信息，以发现数据中的价值；云计算的目的是通过互联网更好地调用、扩展、管理及存储等方面资源和能力，即云计算以调用计算资源和存储资源为目的，节省企业的 IT 部署成本。

2. 处理对象不同

大数据的处理对象是数据；云计算的处理对象是计算资源、存储资源和应用。

3. 推动企业不同

大数据的推动力量是从事数据存储与处理的软件厂商和拥有海量数据的企业；云计算的推动力量是拥有强大计算资源和海量存储资源的企业。

云计算强调的是计算，而数据仅是其计算的对象，如果结合具体的实际应用，云计算强调的是计算能力，大数据更侧重于存储能力。因此，大数据和云计算在很大程度上是相辅相成的。以云计算为基础的信息存储、分享和挖掘手段为知识生产提供了工具，而对大数据的分析、预测，会使决策更加精细，两者相得益彰。从另一个角度讲，云计算是一种 IT 理念、技术架构和标准，其也不可避免地会产生大量数据。所以说，大数据技术和云计算的发展密切相关，大型的云计算应用不可或缺的就是大数据中心的建设，大数据技术是云计算技术的延伸。大数据为云计算的规模扩展提供了应用空间，解决了传统计算方式无法解决的问题。

如果我们把大数据比作一座蕴含着巨大潜在价值的"金矿"，那么云计算就可以被看作挖金的有力工具，即云计算为大数据提供了有力的工具和途径，大数据为云计算提供了有效的用武之地。从所使用的技术来看，大数据可以被理解为云计算的延伸。云计算可以为大数据提供强大的存储和计算能力，也可为大数据提供更高速的数据处理服务；而来自大数据的业务需求，则为云计算的落地找到更多更好的实际应用。大数据若与云计算相结合，将相得益彰，互相都能发挥最大的优势。

2.1.7 边缘计算

边缘计算出现的时间并不长，这一概念有过许多概括，范围界定和阐述各有不同，甚至有些是重复和矛盾的。就作者个人而言，比较推崇OpenStack（是一个由NASA和Rackspace合作研发并发起的，以Apache许可证授权的自由软件和开放源代码项目）社区的定义概念：

边缘计算是为应用开发者和服务提供商在网络的边缘侧提供云服务和IT环境服务；目标是在靠近数据输入或用户的地方提供计算、存储和网络带宽。

通俗地说，边缘计算本质上是一种服务，就类似于云计算、大数据服务，但这种服务非常靠近用户，其目的是让用户感觉到实时的网络服务。

边缘计算着重要解决的问题，是传统云计算（或者说是中央计算）模式下存在的高延迟、网络不稳定和低带宽问题。举一个现实的例子，几乎所有人都遇到过手机APP（应用程序）出现404错误的情况，该错误的出现就和网络状况、云服务器带宽限制有关系。由于资源条件的限制，云计算服务不可避免受到高延迟和网络不稳定带来的影响，但是通过将部分或者全部处理程序迁移至靠近用户或数据收集点，边缘计算能够大大减少在云中心模式站点下给应用程序所带来的影响。

边缘计算起源于广域网内搭建虚拟网络的需求，运营商们需要一个简单的、类似于云计算的管理平台，于是微缩版的云计算管理平台开始进入了市场，从这一点来看，边缘计算其实是脱胎于云计算的。随着这一微型平台的不断演化，尤其得益于虚拟化技术（指通过虚拟化技术将一台计算机虚拟为多台逻辑计算机）。在一台计算机上同时运行多个逻辑计算机，每个逻辑计算机可运行不同的操作系统，并且应用程序都可以在相互独立的空间内运行而互不影响，从而显著提高计算机的工作效率的不断发展，人们发现这一平台有着管理成千上万边缘节点的能力，且能满足多样化的场景需求，经过不同厂商对这一平台不断改良，并加入丰富的功能，使得边缘计算开始进入了发展的快车道。

云计算有着许多的特点：有着庞大的计算能力、海量存储能力，通过不同的软件工具，可以构建多种应用。我们正在使用的许多APP，本质上都是依赖各种各样的云计算技术，比如视频直播平台，电子商务平台。边缘计算脱胎于云计算，靠近设备侧，具备快速反应能力，但不能应对大量计算及存储的场合。这两者之间的关系，可以用我们身体的神经系统来解释。

云计算能够处理大量信息，并可以存储短长期的数据，这一点非常类似于我们的大脑。大脑是中枢神经系统中最大和最复杂的结构，也是最高部位，是调节机体功能的器官，也是意识、精神、语言、学习、记忆和智能等高级神经活动的物质基础。人类大脑的灰质层，富含着数以亿计的神经细胞，构成了智能的基础。而具有灰质层的并不只有大脑，人类的脊髓也含有灰质层，并具有简单中枢神经系统，能够负责接收来自四肢和躯干的反射动作，并传送脑与外周之间的神经信息。我们在初中的生物中都学习到了膝跳反射，这就是脊髓反射能力的证据。边缘计算对于云计算，就好比脊髓对于大脑，边缘计算反应速度快，无须云计算支持，但智能程度较低，不能够进行复杂信息的处理。

边缘计算的优点：

低延迟：计算能力部署在设备侧附近，设备请求实时响应。

低带宽运行：将工作迁移至更接近于用户或是数据采集终端的能力能够降低站点带宽限制所带来的影响，尤其是当边缘节点服务减少了向中枢发送大量数据处理的请求时。

隐私保护：数据本地采集，本地分析，本地处理，有效减少了数据暴露在公共网络的机会，保护了数据隐私。

2.2 大数据与物联网

2.2.1 物联网的概念

中国物联网发展战略聚焦于构建一个系统完备、高效实用、智能绿色、安全可靠的现代化基础设施体系，以支持经济社会数字化转型和智能化升级。物联网作为新型基础设施的重要组成部分，其发展受到国家层面的高度重视。

中国政府已经制定了明确的物联网发展战略，这包括推动物联网全面发展和建设新型基础设施的计划。国家战略强调重点突破关键技术，加强物联网产业生态建设，扩大物联网应用规模，并建立完善的支撑体系。

中国的物联网产业发展迅猛，市场规模预计将持续增长，与此同时技术创新不断取得突破。网络技术的进步，尤其是5G技术的发展，为物联网提供了更强的网络支持。此外，物联网平台的增长带动了服务能力的提升，并且新技术如区块链、边缘计算等的融合为物联网带来了新的活力。

在国家政策引导下，物联网的应用正逐步深入到农业、制造业、交通、医疗等多个领域，推动传统产业的智能化改造。同时，物联网也在公共服务和民生项目中扮演越来越重要的角色，比如智慧城市建设和环境监测。

2.2.2 传感器网络、物联网、泛在网之间的关系

物联网是新一代信息技术的重要组成部分，其核心和基础仍然是互联网，是在互联网基础上延伸和扩展的网络。目前对物联网的概念业界存在很多定义，其最简洁明了的定义认为物联网是一个基于互联网、传统电信网等信息承载体，让所有能够被独立寻址的普通物理对象实现互联互通的网络。物联网、传感器网络、泛在网等概念之间的关系如图2-3所示。

1. 传感网

传感网又称传感器网络，其定义是随机分布的集成有传感器、数据处理单元和通信单元的微小节点，通过自组织的方式构成的无线网络，目的是将网络覆盖区域范围内感知对象的信息发送给观察者。计算机网络改变了人与人之间的沟通方式，而传感器网络将改变人类与自然界的交互方式，使得人们可以通过传感器网络感知客观世界，扩展现有网络的功能和人类认识世界的能力。

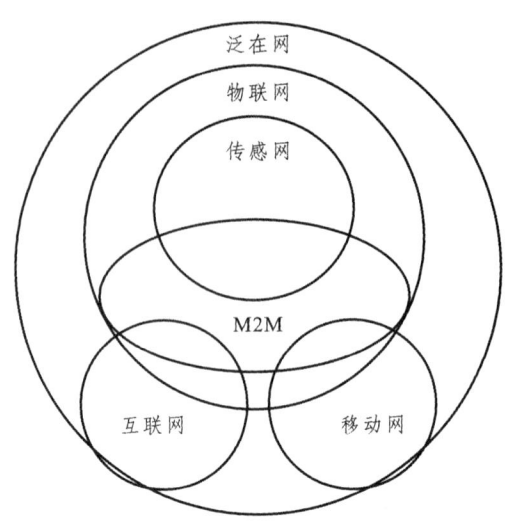

图 2-3 物联网、传感网、泛在网等概念的关系图

2. 物联网

物联网是将射频识别、红外感应器、全球定位系统、激光扫描器等各种信息传感设备,按约定的协议将任何物品与互联网连接起来,进行信息交换和通信,以实现智能化识别、定位、跟踪、监控和管理的一种网络。物联网实现了物与物、物与人的信息交互。早期在高端的食品行业及物流行业应用得较为广泛和普遍,但随着终端设备成本的日益下降,物联网的应用已经不仅仅限于此,越来越多地致力成为行业领导者的企业,为了提高消费者的满意度和忠诚度,增强自身在行业内部的竞争力,开始在电网、农业、家居等行业广泛应用各种先进的物联网技术。与此同时,物联网相关技术也越来越多地服务于交通、环保、医疗等公共事业。

3. 泛在网

泛在网来源于拉丁语 Ubiquitous,主要是指无所不在的网络。泛在网的概念由美国施乐公司在 1991 年首先提出,其对信息社会产生了根本性的变革,在观念、技术、应用、设施、网络以及软件等各个方面都产生了巨大的变化。泛在网将以"无所不在""无所不包""无所不能"为基本特征,帮助人类实现"4A"[即任何时间(Anytime)、任何地点(Anywhere)、任何人(Anyone)、任何物体(Anything)]通信。泛在网将物体看成可寻址、可语义化、可调用的资源,等同于互联通信网,目的是实现物与物、物与人、人与人之间突破时间、地理空间的限制按需进行信息获取、传输、储存、认知、分析、使用等服务,强调人机自然交互、异构网络融合和智能应用。应用的场景有车站、机场、手机联网、便携式计算机无线联网等。

传感器网络、物联网、泛在网各有定位,传感器网络是泛在网和物联网的组成部分,物联网是泛在网发展的物联网阶段,通信网、互联网、物联网之间相互协同融合是泛在网发展的目标。虽然不同概念的起源不一样,侧重点也不一致,但是从发展的视角来看,未来的网络发展看重的是无所不在的网络基础设施的发展,帮助人类实现"4A"化通信,即在任何时间、任何地点、任何人、任何物体都能顺畅地通信。

物联网将解决广域或大范围内的人与物、物与物之间信息交换需求的联网问题,物联网采用不同的技术把物理世界的各种智能物体、传感器接入网络。物联网通过接入延伸技术,完成末端网络（个域网、汽车网、家庭网络、社区网络、小物体网络等）的互联，实现人与物、物与物之间的通信，而传感器网络是物联网的重要实现手段。

物联网从最初一个个单独的网络应用开始，逐渐发展融入一个大的网络环境，而这个大的网络环境就是泛在网。泛在网需要这些信息基础设施实现互联互通，需要资源共享、协同工作，需要进行信息收集、决策分析。泛在网的目标是向个人和社会提供泛在的、无所不含的信息服务和应用；从网络技术上，泛在网是通信网、互联网、物联网高度融合的目标，它将实现多网络、多行业、多应用、异构多技术的融合和协同。如果说通信网、互联网发展到今天，解决了人与人信息通信的问题，物联网则会实现网络连接、接入、延伸到物理世界的泛在物联，解决人与物、物与物的通信，通信网、互联网、物联网各自发展是泛在网发展的初级阶段，最终泛在网将是通信网、互联网、物联网高度融合和协同的目标。

2.2.3 物联网、云计算、人工智能与大数据的关系

如果用人体来比喻大数据、物联网、云计算等前沿技术之间的关系：我们人类的各个器官感知有序地工作（大数据），经过人体神经网络（物联网）汇总到大脑，人类的大脑经过记忆、分析和总结（云计算），将分析的结果进行总结形成智慧（人工智能）。

大数据是基础，物联网是架构，云计算是中心，人工智能是产出，共存共生，彼此依附，如图2-4所示。

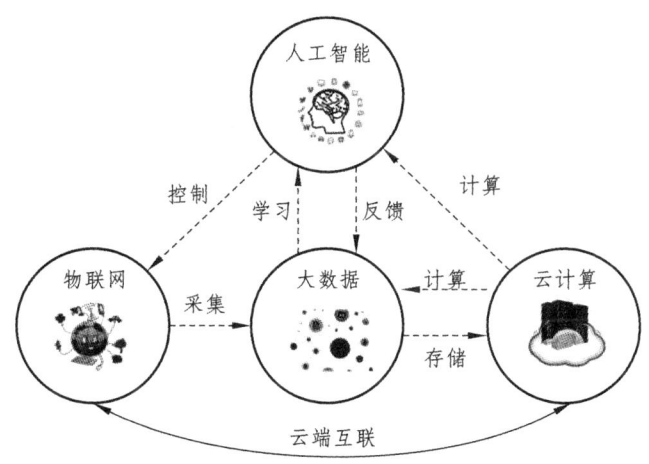

图 2-4 物联网、云计算、人工智能与大数据的关系

物联网的传感器源源不断产生的大量非结构化数据，构成了大数据的重要数据来源，没有物联网产业的飞速发展，就不会有数据产生方式的变革，即由人工产生阶段转向自动产生阶段，大数据时代也不会这么快就到来。物联网需要借助于云计算和大数据技术，实现物联网大数据的存储、分析和处理。

云计算的存储和计算能力以及分布式结构，都为大数据的商业模式提供了实现的可能。云计算提供了这些价格低廉的基础设施，使用户能够按照需求获得相应的服务，云计算的分配机制满足了大数据系统中海量、多种类型数据的存储和计算要求，使大数据的实现成为可能。

人工智能的核心任务，在于建构与人脑类似甚至超越个人的思维与操作能力。目前，大

量的机器工具应用了人工智能,最主要的应用方向是搜索、数学优化和逻辑推演。

云计算更多的是偏向于底层服务,包括服务的提供,网络的架设,数据的承载等。大数据则更多地侧重于海量数据的分析整理与汇总,它存在于云计算之上,为人工智能和其他产业提供着信息支持。人工智能的实现依赖于云计算的基础还有大数据的信息支持,并不能够独立生存。

未来,物联网、大数据、云计算、人工智能等技术将更加深入地融合并深入应用于各产业升级与场景智能化当中。

2.3 大数据与人工智能

2.3.1 人工智能的概念

人工智能(Artificial Intelligence,AI)是研究、开发用于模拟、延伸和扩展人的智能的理论、方法、技术及应用系统的一门新的科学技术。

从字面上看,"人工智能"一词可分为"人工"和"智能"两个部分。"人工"指的是"人工系统",是人类加工改造的自然系统或人类借助已有系统创造出的新系统。从感觉到记忆再到思维的过程被称为"智慧",智慧的结果就产生了行为和语言,行为和语言的表达过程被称为"能力",两者被合称为"智能"。感觉、记忆、回忆、思维、语言、行为的整个过程被称为智能过程,它是智力和能力的表现。

在业界,计算机科学家们对人工智能都有着自己的定义。约翰·郝格兰(John·Haugeland)在文章里说"要使计算机能够思考……意思就是有头脑的机器",帕特里克·温斯顿(Patrick H. Winston)定义自己的工作是"使知觉、推理和行为成为可能的计算的研究",伊莱尼·里奇(Elaine Rich)的目标是"研究如何让计算机能够做到那些目前人比计算机做得更好的事情"。虽然人们的表述不尽相同,背后的含义却是殊途同归的,都是让计算机像人一样思考,像人一样行动。

2.3.2 图灵测试

艾伦·麦席森·图灵(Alan Mathison Turing,1912—1954年)是英国计算机科学家、数学家、逻辑学家、密码分析学家和理论生物学家,而他更为大众所熟知的身份,是"计算机科学与人工智能之父"。

1936年,图灵提出了一种抽象计算模型,即将人们使用纸、笔进行数学运算的过程进行抽象,由一个虚拟的机器替代人们进行数学运算,这就是图灵机,也被称为图灵运算。图灵机通过假设模型证明了任意复杂的计算都能通过一个个简单的操作完成,从而从理论上证明了"无限复杂计算"的可能性,直接给计算机的诞生提供了理论基础,也为研究能思考的机器提供了方向指引。

1950年,图灵发表了一篇划时代的论文《计算机器与智能》,指出创造具有真正智能的机器的可能性。由于注意到"智能"这一概念难以确切定义,他提出了著名的图灵测试:被测试的一个是人类,另一个是声称自己有人类智力的机器。测试时,测试人与被测试人是分开的，测试人只能通过一些装置（如键盘）向被测试人提一些问题。问过这些问题后，如果测试人能够正确地分出谁是人、谁是机器，那机器就没有通过图灵测试；如果测试人没有分出谁是人、谁是机器，那这个机器就是有人类智能的。这一测试使图灵能够令人信服地说明"思考的机器"是可能的。论文还回答了对这一假说的各种常见质疑。图灵测试是人工智能哲学方面第一个严肃的提案。根据人们的大体判断，达成能够通过图灵测试的技术需要涉及以下课题：自然语言处理、知识表示、自动推理和机器学习。

2.3.3 人工智能的研究方向和方法

为了让机器像人一样思考，人工智能就必须涵盖很多大的学科。人工智能的表现形式和相关学科如下：

（1）会看：图像识别、文字识别、车牌识别。
（2）会听：语音识别、说话人识别、机器翻译。
（3）会说：语音合成、人机对话。
（4）会行动：机器人、自动驾驶汽车、无人机。
（5）会思考：人机对弈、定理证明、医疗诊断。
（6）会学习：机器学习、知识表示。

从理论基础出发，我们可以将人工智能发展的历程分为两个阶段：第一阶段以数理逻辑的表达与推理为主，第二阶段以概率统计的建模、学习和计算为主。在今天，要谈人工智能就避不开机器学习和深度学习。

机器学习（Machine Learning）是实现人工智能的一种方法。机器学习的概念来自早期的人工智能研究者，已经研究出的算法包括决策树学习、归纳逻辑编程、增强学习和贝叶斯网络等。简单来说，机器学习就是使用算法分析数据，从中学习并做出推断或预测。与传统的使用特定指令集手写软件不同，机器学习方法使用大量数据和算法来"训练"机器，让机器学会如何自己完成任务。

深度学习（Deep Learning）是实现机器学习的一种技术。深度学习的概念源于人工神经网络的研究，含多个隐层的多层感知器就是一种深度学习结构。深度学习通过组合低层特征形成更加抽象的高层表示属性类别或特征，以发现数据的分布式特征表示。

2.3.4 人工智能与大数据

20 世纪 80 年代以后，人们才确定了通过数据来产生智能的方向。如今的人工智能其实也可以被称为数据智能，用大量的数据作导向，让需要机器来做判别的问题最终转化为数据问题。在前文中，我们已经提及目前实现人工智能的主流方法是机器学习。机器学习就是使用算法分析数据，从中学习并做出推断或预测，所以需要海量的数据来进行导入和学习。但是由于过去的数据量相对于互联网时代产生的数据量来说，太过于微薄，所以机器学习一直没有实质性的进展。直到 20 世纪 90 年代之后，才开始渐渐有了起色。大数据的积累为人工智能的发展提供了充足的动力，爆炸性增长的数据推动着新技术的萌发和壮大，为用深度学习方法训练机器提供了丰厚的数据土壤。人工智能、机器学习、深度学习的关系如图 2-5 所示。

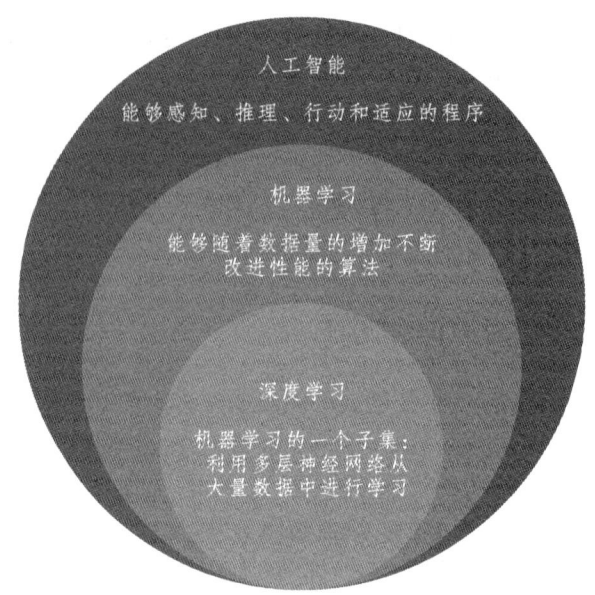

图 2-5 人工智能、机器学习、深度学习的关系

大数据和人工智能是相辅相成的。大数据主要包括采集与预处理、存储与管理、分析与加工、可视化计算及数据安全等。大量多维、异构的数据,为人工智能提供丰富的数据积累和训练资源。无论是 Google 公司的无人驾驶,还是科大讯飞公司的机器翻译,不管是百度公司的"小度",还是英特尔公司的精准医疗,机器们无时无刻不在学习大量的非结构化数据。以人脸识别为例,自深度学习出现以后,百度公司人脸识别系统需要 2 亿幅人脸画像进行训练,而识别精准度从 70%提升到了 95%。由此可见,人工智能的快速演进,不仅需要理论研究,还需要大量的数据作为支撑。

人工智能领域汇集了海量数据,传统的数据处理技术难以满足高强度、高频次的处理需求。目前,GPU(图形处理单元)、NPU(网络处理器)、FPGA(现场可编程门阵列)和各种各样的 AI-PU 专用芯片大量出现。在训练神经网络过程中,AI-PU 芯片比传统的 CPU 提升约 70 倍的运算速度。而大数据同样也可以利用这些芯片,大大提升大规模数据处理的效率。机器学习算法可以学习如何重现某种行为,包括收集数据、清洗数据、结构化数据等,可以大大加速整个数据处理的进程。

随着人工智能的快速应用与普及,大数据不断累积,深度学习及强化学习等算法不断优化,大数据技术将与人工智能技术更紧密地结合,强化对数据的理解、分析、发现和决策能力,从而能从数据中获取更准确、更深层次的知识,挖掘出数据背后的价值,催生出新业态、新模式。

本章小结

本章内容涉及了大数据的基本概念、技术、应用以及与其他热门技术的关系。大数据与其他热门技术(如人工智能、物联网、区块链等)密切相关。人工智能可以利用大数据进行训练,提高模型的准确性;物联网产生大量实时数据,需要大数据技术进行处理和分析;区块链技术可以确保大数据的安全和可信度。大数据已经成为当今信息技术领域的热门话题，与其他热门技术相互影响，共同推动社会进步。

思考与练习

1. 描述物联网（IOT）与大数据之间的关系，以及如何使用大数据技术处理物联网产生的数据。
2. 解释区块链技术如何提高大数据的安全性和可信度。
3. 云计算与大数据的关系是什么？
4. 物联网、人工智能与大数据的关系是什么？

第 3 章
大数据的采集与预处理

 本章导读

大数据环境下,数据的种类非常多,存储和处理的难度大,这对数据表达提出了很高的要求。为此,必须在数据的源头(即数据采集)把好关,其中数据源的选择和原始数据的采集方法是大数据采集的关键。对采集到的原始数据进行分析挖掘之前,需要先对其进行清洗、集成、变换和归约,以达到用挖掘算法获取知识所要求的最低标准。

本章介绍数据来源、数据采集、清洗、转换、集成等处理过程,掌握大数据采集与预处理方法。

 学习目标

(1)熟悉大数据采集的基本概念、数据采集的来源、大数据采集的技术。
(2)掌握大数据采集和预处理的方法和常用工具。
(3)了解大数据采集与预处理对数据挖掘的重要意义。

 思政目标

(1)数据预处理的结果对数据挖掘的结果,乃至最终的商业分析结果影响巨大,加强对大数据采集与预处理技术的了解,提高大数据素养和培养探究意识。
(2)关心国家数字化战略部署,以及各行各业的数字化转型发展需求,增强使命感,激发爱国情怀。

3.1 大数据的采集

3.1.1 大数据采集的概念

数据采集(DAQ)又称数据获取,是大数据生命周期中的第一个环节,通过各种来源获得各种类型的结构化、半结构化及非结构化的海量数据。

大数据采集是在确定目标用户的基础上,针对该范围内所有结构化、半结构化和非结构化的数据进行的采集。其数据量大、数据种类繁多、来源广泛,大数据采集的研究分为大数据智能感知层和基础支撑层。

1. 智能感知层

智能感知层包括数据传感体系、网络通信体系、传感适配体系、智能识别体系及软硬件资源接入系统,实现对结构化、半结构化和非结构化的海量数据的智能化识别、定位、跟踪、接入、传输、信号转换、监控、初步处理和管理等,涉及有针对大数据源的智能识别、感知、适配、传输、接入等技术。随着物联网技术、智能设备的发展,这种基于传感器的数据采集会越来越多,相应的研究和应用也会越来越重要。

2. 基础支撑层

基础支撑层提供大数据服务平台所需的虚拟服务器,结构化、半结构化及非结构化数据的数据库及物联网络资源等基础支撑环境。重点要解决分布式虚拟存储技术,大数据获取、存储、组织、分析和决策操作的可视化接口技术,大数据的网络传输与压缩技术,大数据隐私保护技术等。

大数据的分析从传统关注数据的因果关系转变为相关关系,且为了后期分析的时候找到数据的价值,在采集阶段的态度应该是"全而细","全"是指各类数据都要采集到。"细"则是说在采集阶段要尽可能地采集到每一个数据。

根据采集数据的结构特点,可以将数据划分为结构化数据和非结构化数据。其中,结构化数据包括生产报表、经营报表等具有关系特征的数据;非结构化数据包括互联网网页、格式文档、文本文件等文字性描述的资料。这些数据通过关系数据库和专用的数据挖掘软件进行数据的挖掘采集。特别是非结构化数据,综合运用定点采集、元搜索和主题搜索等搜索技术,对互联网和企业内网等数据源中符合要求的信息资料进行搜集整理,并保证有价值信息及时、有效的发现。在数据采集模块中,针对不同的数据源,设计针对性的采集模块,分别进行采集工作,主要的采集模块有:网络信息采集模块、关系数据库采集模块、文件系统资源采集模块、其他信息源数据的采集。

数据采集的特点包括:(1)自动化:以高自动化的方式采集并存入;(2)全面化:涵盖了全量采集和增量采集,不对数据采样;(3)多样化:采集方式不单一;(4)丰富化:采集的数据丰富,不只有基本的数据。

3.1.2 大数据采集的数据源

数据按照来源可以分为一手数据(直接来源)和二手数据(间接来源)。一手数据通过研究者实施的调查或实验活动获得的数据。

获得一手数据,有两种方法:调查或实验。而二手数据的主要数据源包括传感器数据、互联网数据、日志文件、企业业务系统数据等。

1. 一手数据来源

通过调查得到的一手数据叫作调查数据。调查数据是针对社会现象的，比如说，调查现在的经济形势、人的心理现象、工厂效率等。

调查的形式分为普查和抽样。

1）普查

普查是指对一个总体内部的所有个体进行调查，国家进行的人口普查就是最典型的普查形式。普查的结果是最贴近总体的真实表现的，是无偏见（Unbias）的估测。但是普查的成本太大，少有项目采用这种方式。由于数据分析挖掘涉及的总体数据量一般很大，如果要做普查，没有大量的时间与金钱几乎是不可能的。所以，我们会从总体中抽取部分有代表性的个体进行调查，并用这部分个体的数据去反映整体，这就是抽样。

2）抽样

抽样就是从研究总体中选取一部分代表性样本的方法。例如我们要研究某城市居民的生活方式问题，那么整个城市居民都是我们的研究对象。然而，限于时间、空间、资源等研究条件等原因，往往难以对每一个居民进行调查研究，而只能采用一定的方法选取其中的部分居民作为调查研究的对象，这种选择调查研究对象的过程就是抽样。

不管是用普查还是抽样的方法，数据采集常常采用自填式（写调查问卷、电子、书面）、面访式（面对面采访）、电话式（电话联络）。

3）实验

通过实验得到的一手数据叫作实验数据。实验数据是针对自然现象的。比如说，植物背光生长的快慢、小白鼠对食物的记忆规律等。

实验方法需要研究者真正设计实验、记录结果并整合为数据，服务于后期的数据分析与挖掘工作。

实验的设计需要满足一个大原则：有实验组与对照组。实验组是只有要研究的变量发生变化的组；对照组是保持变量不变的组。这样，通过控制变量的方法，能得到观测数据。

2. 二手数据来源

1）传感器数据

传感器是一种检测装置，能感受到被测量环境的信号，并能将感受到的信号按一定规律变换成电信号或其他所需形式的信号输出，以满足信息的传输、处理、存储、显示、记录和控制等要求。在工作现场，会安装各种类型的传感器，如压力传感器、温度传感器、流量传感器、声音传感器、电参数传感器等。传感器对环境的适应能力很强，可以应对各种恶劣的工作环境。在日常生活中，如DV（数字摄像机）录像、手机拍照等都属于传感器数据采集的一部分，支持音频、视频、图片等文件或附件的采集工作。

2）互联网数据

互联网数据的采集通常借助于网络爬虫来完成。所谓"网络爬虫"，就是一个在网上不定向或定向抓取网页数据的程序。抓取网页数据的一般方法是，定义一个入口页面，一般一个页面中会包含指向其他页面的URL（统一资源定位符），于是从当前页面获取这些网址并将其加入爬虫的抓取列中，然后进入新页面后递归地进行上述的操作。爬虫数据采集方法可以将非结构化数据从网页中抽取出来,将其存储为统一的本地数据文件,并以结构化的方式存储。它支持图片、音频、视频等文件或附件的采集,附件与正文可以自动关联。

3)日志文件

许多公司的业务平台每天都会产生大量的日志文件。日志文件一般由数据源系统产生,用记录数据源执行的各种操作活动,比如网络监控的流量管理、金融应用的股票记账和 Web 服务器记录的用户访问行为。从这些日志文件中,我们可以得到很多有价值的数据。通过对这些日志文件进行采集,然后进行数据分析,我们就可以从公司业务平台日志文件中挖掘到具有潜在价值的信息,为公司决策和公司后台服务器平台性能评估提供可靠的数据保证。系统日志采集系统做的事情就是收集日志文件,提供离线和在线的实时分析使用。

4)企业业务系统数据

一些企业会使用传统的关系数据库 MySQL 或 Oracle 等来存储业务系统数据,除此之外,Redis 和 MongoDB 这样的 NoSQL 数据库也常用于数据的存储。企业每时每刻产生的业务数据,以数据库行记录的形式被直接写入数据库中。企业可以借助于 ETL 工具,把分散在企业不同位置的业务系统的数据抽取、转换、加载到企业数据仓库,以供后续的商务智能分析使用。通过采集不同业务系统的数据并将这些数据统一保存到一个数据仓库,就可以为分散在企业不同地方的商务数据提供一个统一的视图,满足企业的各种商务决策分析需求。

在采集企业业务系统数据时,由于采集的数据类型复杂,对不同类型的数据进行数据分析之前,我们必须通过数据抽取技术,将复杂格式的数据进行数据抽取,从而得到需要的数据,这里可以丢弃一些不重要的数据。经过数据抽取得到的数据,由于数据采集可能存在不准确的情况,必须进行数据清洗(预处理),对那些不正确的数据进行过滤、剔除。因为针对不同的应用场景对数据进行分析的工具或者系统不同,还需要对数据进行转换操作,将其转换成不同的数据格式。最终按照预先定义好的数据仓库模型,将数据加载到数据仓库中。

3.1.3 大数据的采集方法

研究大数据的前提是高效地获取大数据。获取大数据的方法有很多,如利用网络爬虫从网站上采集数据,从 API(应用程序接口)中得到数据,或者使用公开可用的数据源等。常用的数据采集方法有如下几种。

1. DPI 数据采集的基本原理

DPI(Deep Packet Inspection,深度包检测)数据采集技术是一种通过网络流量分析,对网络中的数据包进行深入检查的方法。在 DPI 数据采集过程中,首先需要对数据包进行抓取和存储,然后对数据包进行深入的分析和处理。通过对数据包的分析,可以获取网络流量的详细信息,如传输层协议类型、应用程序类型、端口号等。

2. 系统日志采集方法

很多企业有自己的业务管理平台,它们每天会产生大量的日志数据。日志采集系统的主要功能就是收集业务日志数据,为决策者提供在线和离线分析功能。

日志收集系统所具有的基本特征是高可用性、高可靠性、可扩展性。常用的日志系统有

Apache Hadoop 的 Chukwa、Cloudera 的 Flume，Facebook 的 Scrible 和 LinkedIn 的 Kafka，这些工具大部分采用分布式架构，用来满足大规模日志采集的需求。Chukwa 属于 Apache 旗下，是一个开源且用来对大型分布式系统数据进行监控搜集的系统，构建在 Hadoop 的 HDFS 和 map/reduce 框架之上；Flume 是 Cloudera 提供的一个高可用的、高可靠的分布式的海量日志采集、聚合和传输系统，目前是 Apache 的一个子项目；Scribe 是 Facebook 开源日志收集系统，它为日志的分布式收集、统一处理提供一个可扩展的、高容错的解决方案；Kafka 是 LinkedIn 公司提供的一种高吞吐量的分布式发布订阅消息系统，它可以处理大规模的网站中的所有动作流数据。常用的日志收集系统简介如表 3-1 所示。

表 3-1 常用的日志收集系统简介

日志采集系统	Chukwa	Flume	Scrible
公司	Apache	Cloudera	Facebook
开源时间	2009.11	2009.7	2008.10
实现语言	Java	Java	C/C++
容错性	代理定期向收集器发送数据偏移器，一旦发生故障，可以根据偏移量继续发送数据	代理和收集器之间均有容错机制，并提供三种基本的可靠性保证机制	收集器和存储之间有容错机制，而代理和收集器之间的容错需要自己实现
负载均衡	无	使用 ZooKeeper	无
可扩展性	好	好	好
收集器	合并多个数据源发送过来的数据，然后加载到 HDFS 中，隐藏 HDFS 实现的细节	系统提供很多收集器，可以直接使用	实际上是一个 Thrift Server
存储	直接支持 HDFS	直接支持 HDFS	直接支持 HDFS
总体评价	属于 Hadoop 系列产品，直接支持 Hadoop，有待完善	内置组件齐全，不必进行额外开发即可使用	设计简单，易于使用，但是容错性和负载均衡方面不够理想，且资料较早

3．网络数据采集方法

网络数据采集方法主要针对非结构化数据的采集，是指通过网络爬虫或网站公开应用程序接口（Application Program Interface，API）等方式从网站上获取数据信息。该方法可以将非结构化数据从网页中抽取出来，将其存储为统一的本地数据文件，并以结构化的方式存储。它支持图片、音频和视频等文件或附件的采集，附件与正文可以自动关联。用该方法进行数据采集和处理的基本步骤如图 3-1 所示。

（1）将需要抓取数据网站的统一资源定位符（Uniform Resource Locator，URL）信息写入 URL 队列。

（2）爬虫从 URL 队列中获取需要抓取数据网站的 Site URL 信息。

（3）爬虫从 Internet（互联网）抓取对应网页内容，并抽取其特定属性的内容值。

（4）爬虫将网页中抽取的数据写入数据库。

（5）DP（Data Process，数据处理）读取 SpiderData，并进行处理。
（6）DP 将处理后的数据写入数据库。

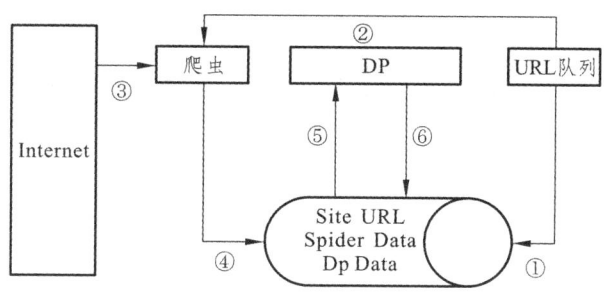

图 3-1　网络数据采集流程图

目前网络数据采集的关键技术是链接过滤，其实质是判断当前链接是否在已经抓取过的链接集合中。在采集网页大数据时，可以采用布隆过滤器过滤链接。

4. 数据库采集方法

一些企业使用传统关系型数据库 MySQL 和 Oracle 等存储数据。除此之外，Redis 和 MongoDB 等 NoSQL 数据库也常用于数据的采集。使用数据库采集方法时，通常在采集端部署大量数据库，并思考和设计如何在这些数据库之间进行负载均衡和分片。

5. 其他数据采集方法

对于企业生产经营或学科研究等对保密性要求比较高的数据，可以通过与企业或研究机构合作，使用特定的系统接口采集。尽管大数据技术层面的应用无限广阔，但由于受到数据采集的限制，能够用于商业应用和服务人们的数据远远少于理论上能够采集和处理的数据。因此，解决大数据的隐私问题是数据采集技术的重要目标之一。现阶段医疗机构的数据更多来源于内部，外部数据没有得到很好的应用，医疗机构可以考虑借助百度、阿里巴巴、腾讯等数据平台解决外部数据采集难题，例如，百度推出的疾病预测大数据产品，可以对全国不同的区域进行全面监控，智能化地列出某一地级市或某区域的流感、肝炎和肺结核等常见疾病的活跃度、趋势图等，进而有针对性地进行预防，从而降低染病的概率。

3.2　数据预处理

数据预处理（Data Preprocessing）是指在主要的处理以前对数据进行的一些处理。现实世界中存在的数据是零散不完整的，还有脏数据的存在，我们无法直接使用这些无关的数据。为了提高我们对数据使用的质量，需要对数据进行挖掘处理，在这个过程中就产生了数据预处理技术。数据预处理的方法有很多，如数据清洗、数据集成、数据变换、数据归约等。这些技术用在数据挖掘之前，能够提高数据挖掘模式的质量，降低实际挖掘所需要的时间。

数据的预处理是指对所收集数据进行分类或分组前所做的审核、筛选、排序等必要的处理。主要采用数据清理、数据集成、数据转换、数据归约的方法来完成数据的预处理任务。其流程如图 3-2 所示。

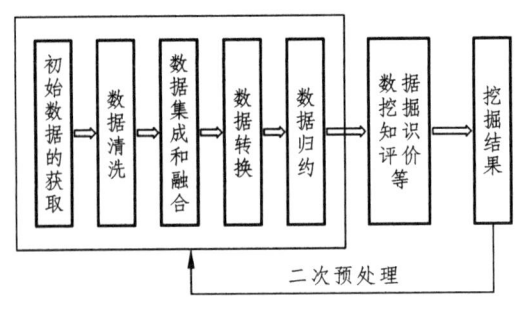

图 3-2 数据挖掘流程图

3.2.1 数据清洗

数据清洗是指对数据进行处理和加工，以使其适合后续进行分析和建模。它是数据分析的关键步骤，涉及去重、填充缺失值、异常值处理和格式标准化等操作，旨在提高数据的准确性和可靠性。在这个过程中，除了更正、修复系统中的一些错误数据，更多的是对数据进行归并整理，并将其存储到新的介质中。常见的数据质量问题可以根据数据源的多少和所属层次分为以下 4 类。

（1）单数据源的定义层：违背字段约束条件（如日期出现 1 月 0 日）、字段属性依赖冲突（如两条记录描述同一个人的某一个属性，但数值不一致）、违反唯一性（如相同主键 ID 出现多次）。

（2）单数据源的实例层：单个属性值含有过多信息、拼写错误、空白值、噪声数据、数据重复、过时数据等。

（3）多数据源的定义层：同一个实体的不同称呼（如笔名和真名）、同一种属性的不同定义（如字段长度定义不一致、字段类型不一致等）。

（4）多数据源的实例层：数据的维度、粒度不一致（如有的按 GB 记录存储量，有的按 TB 记录存储量；有的按照年度统计，有的按照月份统计），数据重复和拼写错误。

数据清洗时发现并纠正数据文件中可识别的错误的最后一道程序，包括数据一致性的检查、无效值和缺失值的处理。其原理如图 3-3 所示，是利用有关技术如数据挖掘或预定义的清理规则将脏数据转化为满足数据质量要求的数据。

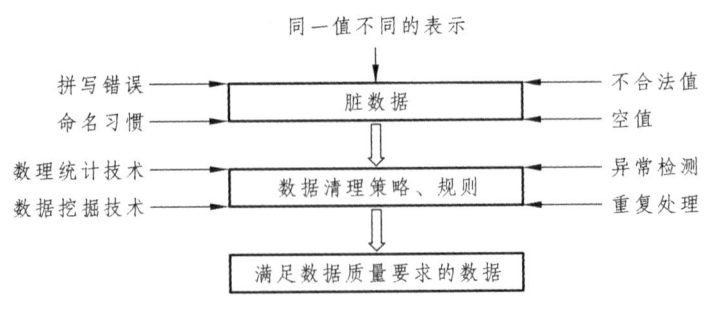

图 3-3 数据清洗原理图

1. 数据清洗的对象

在数据清洗过程中，针对数据的类型和特性的不同，大致将数据类型分为 3 类来进行数据的清洗工作。

1）缺失数据

这一类数据主要是因为部分信息缺失，如公司的名称、客户的区域信息等。将这一类数据过滤出来，按照缺失的内容分别填入对应的文档信息，并提交给客户，在规定时间内补全后，才可写入数据仓库。

2）错误数据

这一类错误产生的原因往往是业务系统不够健全，在接收输入信息后没有进行判断就直接将数据写入后台数据库导致的，比如数值数据输成全角数字字符、字符串数据后面有一个回车操作、日期格式不正确等。对这类数据也需要分类，对于类似于全角字符、数据前后有不可见字符等问题，只能用写 SQL 语句的方式查找出来，然后要求客户在业务系统修正，之后再抽取。日期格式不正确的错误会导致 ETL 运行失败，对于这样的错误需要在业务系统数据库用 SQL 的方式挑出来，交给业务主管部门并要求在一定时间范围内予以修正，修正之后再抽取。

3）重复数据

这一类数据多出现在维护表中，需要将重复数据记录的所有字段导出来让客户确认并整理。

一般来说，数据清洗是将数据库中所存数据精细化，去除重复无用数据，并使剩余部分的数据转化成标准可接受格式的过程。数据清洗流程是将数据输入数据清洗处理设备中，通过一系列步骤对数据进行清洗，然后以期望的格式输出清洗过的数据。数据清洗从数据的准确性、完整性、一致性、唯一性、有效性等几个方面来处理数据的丢失值、越界值、不一致代码、重复数据等问题。

2. 数据清洗方法

数据清洗一般针对具体应用来对数据做出科学的清洗。下面介绍几种数据清洗的方法。

1）缺失值处理

（1）删除法：删除法是指当缺失的观测比例非常低时（如 5%以内），直接删除存在缺失的观测，或者当某些变量的缺失比例非常高时（如 85%以上），直接删除这些缺失的变量。

（2）替换法：替换法是指用某种常数直接替换那些缺失值，例如，对连续变量而言，可以使用均值或中位数替换，对于离散变量，可以使用众数替换。

（3）插补法：插补法是指根据其他非缺失的变量或观测来预测缺失值，常见的插补法有回归插补法、K 近邻插补法、拉格朗日插补法等。

2）修改错误值

用统计分析的方法识别错误值或异常值，如识别不遵守分布的值，也可以用简单规则库检查数据值，或使用不同属性间的约束来检测和清理数据。

3）消除重复记录

数据库中属性值相同的情况被认定为是重复记录。通过判断记录间的属性值是否相同来检测记录是否相等，相等的记录应合并为一条记录。

4）数据的不一致性

从多数据源集成的数据语义会不一样，可定义完整性约束用于检查不一致性，也可通过对数据进行分析来发现它们之间的联系，从而保持数据的一致性。

3.2.2 数据转换

数据转换就是将数据进行转换或归并，从而使其构成一个适合数据处理的形式。本节首先介绍常见的数据转换策略，然后重点介绍数据转换策略中的平滑处理和规范化处理。

常见的数据转换策略如下：

（1）平滑处理：帮助去除数据中的噪声。常用的方法包括分箱、回归和聚类等。

（2）聚集处理：对数据进行汇总操作。例如，对每天的数据经过汇总操作可以获得每月或每年的总额。这一操作常用于构造数据立方体或对数据进行多粒度分析。

（3）数据泛化处理：用更抽象（更高层次）的概念来取代低层次的数据对象。例如，街道属性可以泛化到更高层次的概念，如城市、国家，再比如年龄属性可以映射到更高层次的概念，如青年、中年和老年。

（4）规范化处理：将属性值按比例缩放，使之落入一个特定的区间，比如 0.0~1.0。常用的数据规范化方法包括 Min-Max 规范化、Z-Score 规范化和小数定标规范化等。

（5）属性构造处理：根据已有属性集构造新的属性，后续数据处理时直接使用新增的属性。例如，根据已知的质量和体积属性，计算出新的属性——密度。

1. 平滑处理

噪声是指数据中存在着错误或异常（偏离期望值）的数据。平滑处理旨在帮助去除数据中的噪声，常用的方法包括分箱、回归和聚类等。

1）分箱

分箱（Bin）利用被平滑数据点的周围点（近邻点），对一组排序数据进行平滑处理，排序后的数据被分配到若干箱子中。

典型的分箱方法一般有两种：一种是等高方法，即每个箱子中元素的个数相等；另一种是等宽方法，即每个箱子的取值间距（左右边界之差）相同，如图 3-4 所示。

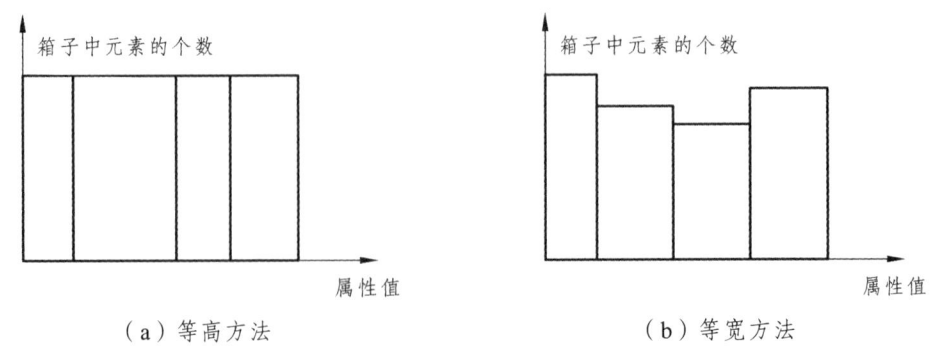

图 3-4 分箱法示意图

这里给出一个实例来进一步说明。假设有一个数据集 X={4,8,15,21,21,24,25,28,34}，这里采用基于平均值的等高方法对其进行平滑处理，则分箱处理的步骤如下：

(1) 把原始数据集 X 放入以下 3 个箱子：

箱子 1：4，8，15；　　　　箱子 2：21，21，24；　　　　箱子 3：25，28，34；

(2) 分别计算每个箱子的平均值：

箱子 1 的平均值：9；　　　箱子 2 的平均值：22；　　　箱子 3 的平均值：29；

(3) 用每个箱子的平均值替换该箱子内的所有元素：

箱子 1：9，9，9；　　　　箱子 2：22，22，22；　　　　箱子 3：29，29，29；

合并各个箱子中的元素得到新的数据集为{9,9,9,22,22,22,29,29,29}。

此外，还可以采用基于箱子边界的等高方法对数据进行平滑处理。利用边界进行平滑处理时，对于给定的箱子，其最大值与最小值就构成了该箱子的边界，利用每个箱子的边界值（最大值或最小值）替换该箱子中的所有值。这时的分箱结果如下：

箱子 1：4，4，15；　　　　箱子 2：21，21，24；　　　　箱子 3：25，25，34；

合并各个箱子中的元素得到新的数据集为{4,4,15,21,21,24,25,25,34}

2) 回归

回归是利用拟合函数对数据进行平滑处理。例如，借助线性回归方法（包括多变量回归方法），可以获得多个变量之间的拟合关系，从而达到利用一个（或一组）变量值来预测另一个变量值的目的。利用线性回归方法所获得的拟合函数，能够平滑数据并除去其中的噪声。对数据进行线性回归拟合实例如图 3-5 所示。

3) 聚类

聚类可以帮助发现异常数据。如图 3-6 所示，相似或相邻的数据聚合在一起形成了各个聚类集合，而那些位于这些聚类集合之外的数据对象，被认为是异常数据。

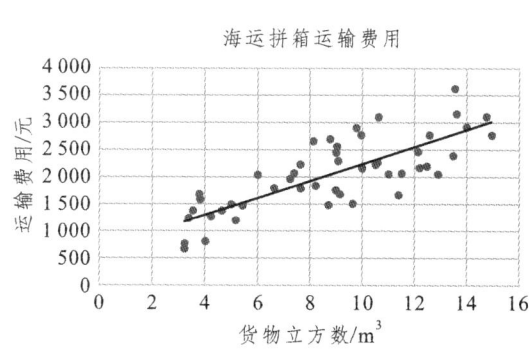

图 3-5　关于货物与海运费用线性回归案例图

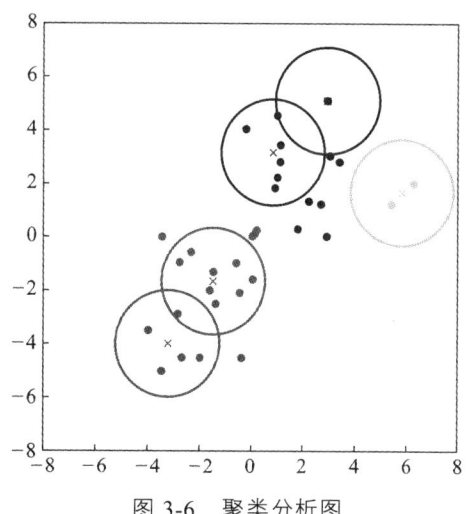

图 3-6　聚类分析图

2. 规范化处理

规范化处理是一种重要的数据转换策略。它将一个属性取值范围投射到一个特定范围，以消除数值型属性因大小不一而造成挖掘结果的偏差,常用于神经网络、基于距离计算的最近邻分类和聚类挖掘的数据预处理等。对于神经网络,采用规范化后的数据,不仅有助于确保学习结果的正确性,而且会帮助提高学习的效率。对于基于距离计算的挖掘,规范化方法可以帮助消除因属性取值范围不同而影响挖掘结果的公正性的情况。

常用的规范化处理方法包括 Min-Max 规范化、Z-Score 规范化和小数定标规范化。

1) Min-Max 规范化

Min-Max 规范化方法对被转换数据进行一种线性转换,其转换公式如下:

x=(待转换属性值-属性最小值)/(属性最大值-属性最小值)

例如,假设属性的最大值和最小值分别是 87 000 元和 11 000 元,现在需要利用 Min-Max 规范化方法,将"顾客收入"属性的值映射到 0~1 的范围内,则当"顾客收入"属性的值为 72 400 元时,对应的转换结果如下:(72 400-11 000)/(87 000-11 000)=0.808

Min-Max 规范化比较简单,但是也存在一些缺陷,当有新的数据加入时,可能导致最大值和最小值发生变化,需要重新定义属性最大值和最小值。

2) Z-Score 规范化

Z-Score 规范化的主要目的是将不同量级的数据统一转化为同一个量级的数据,统一用计算出的 Z-Score 值衡量,以保证数据之间的可比性。其转换公式如下:

Z=(待转换属性值-属性平均值)/属性标准差

假设我们要比较学生 A 与学生 B 的考试成绩,A 的考卷满分是 100 分(及格 60 分),B 的考卷满分是 700 分(及格 420 分)。很显然,A 考出的 70 分与 B 考出的 70 分代表着完全不同的意义。但是从数值来讲,A 与 B 在数据表中都是用数字 70 代表各自的成绩。那么如何能够用一个同等的标准来比较 A 与 B 的成绩呢?Z-Score 就可以解决这一问题。

假设 A 班级的平均分是 80,标准差是 10,A 考了 90 分;B 班的平均分是 400,标准差是 100,B 考了 600 分。通过上面的公式,我们可以计算得出,A 的 Z-Score 是 1[即(90-80)/10],B 的 Z-Score 是 2[即(600-400)/100],因此 B 的成绩更为优异。若 A 考了 60 分,B 考了 300 分,则 A 的 Z-Score 是-2,B 的 Z-Score 是-1,A 的成绩比较差。

Z-Score 的优点是不需要知道数据集的最大值和最小值,对离群点规范化效果好。此外,Z-Score 能够应用于数值型的数据,并且不受数据量级的影响,因为其本身的作用就是消除量级给分析带来的不便。

但是 Z-Score 也有一些缺陷。首先,Z-Score 对于数据的分布有一定的要求,正态分布是最有利于 Z-Score 计算的。其次,Z-Score 消除了数据具有的实际意义,A 的 Z-Score 与 B 的 Z-Score 与他们各自的分数不再有关系,因此,Z-Score 的结果只能用于比较数据间的结果,探究数据的真实意义时还需要还原数据。

3) 小数定标规范化

小数定标规范化通过移动属性值的小数位置来达到规范化的目的。所移动的小数位置取决于属性绝对值的最大值。其转换公式为:

$$x = 待转换属性值/10^k$$

式中,k 为能够使该属性绝对值的最大值的转换结果小于 1 的最小值。

比如,假设属性的取值范围是-957~924,则该属性绝对值的最大值为 957,很显然,这

时 $k=3$。当属性的值为 426 时，对应的转换结果如下：
$$426/10^3=0.426$$
小数定标规范化的优点是直观简单，缺点是并没有消除属性间的权重差异。

3.2.3 数据集成

数据集成是将不同应用系统、不同数据形式在原应用系统不做任何改变的条件下，进行数据采集、转换以便储存的数据整合过程。其主要目的是在解决多重数据储存或合并时所产生的数据不一致、数据重复或多余的问题，以提高后续数据分析的精确度和速度。目前通常采用联邦式、基于中间件模型和数据仓库等方法来构造集成的系统，这些技术在不同的着重点和应用上解决数据共享和为企业提供决策支持。简单说数据集成就是将多个数据源中的数据结合起来并统一存储，建立数据仓库。

目前来说，异构性、分布性、自治性是解决数据集成的主要难点。

（1）异构性指需要集成的数据往往都是独立开发的，数据模型异构给集成也带来了困难，其主要表现在数据语义及数据源的使用环境等。

（2）分布性指的是数据源是异地分布的，依赖网络对数据进行传输，这对于在传输过程中的网络质量和安全性是个挑战。

（3）各数据源都有很强的自治性，可以在不通知集成系统的前提下改变自身的结构和数据，这给数据集成系统的鲁棒性提出新挑战。

3.2.4 数据归约

因为被分析的数据对象往往比较大，分析与挖掘会特别耗时甚至不能进行，所以非常有必要对数据进行归约。通过对数据进行归约处理，可以减小对象数据集，从原有的庞大数据集中获得一个精简的数据集，并使这一精简的数据集保持原有的完整性，以提高数据挖掘的效率。数据归约可以分为 3 类，分别是特征归约、样本归约、特征值归约。

1. 特征归约

特征归约是将不重要的或不相关的特征从原有特征中删除，或者通过对特征进行重组和比较来减少个数。其原则是在保留甚至提高原有判断能力的同时减少特征向量的维度。特征归约算法的输入是一组特征，输出是它的一个子集，包括 3 个步骤。

（1）搜索过程：在特征空间中搜索特征子集，每个子集称为一个状态，由选中的特征构成。

（2）评估过程：输入一个状态，通过评估函数、搜索算法或预先设定的值输出一个评估值，使其达到最优。

（3）分类过程：使用最后的特征集完成最后的算法。

2. 样本归约

样本归约就是从数据集中选出一个有代表性的子集作为样本。子集大小的确定要考虑计算成本、存储要求、估计量的精度以及其他一些与算法和数据特性有关的因素。

样本都是预先知道的，通常数目较大，质量高低不等，对实际问题的先验知识也不确定。原始数据集中最大和最关键的维度数就是样本的数目，也就是数据表中的记录数。

3. 特征值归约

特征值归约又称特征值离散化技术，它将具有连续型特征的值离散化，使之成为少量的区间，每个区间映射到一个离散符号。特征值归约的优势在于简化了数据描述，易于理解数据和最终的挖掘结果。特征值归约方法可以是有参数的，也可以是无参数的。有参数方法是指使用一个模型来评估数据，只需存放参数，而不需要存放实际数据。

有参数的特征值归约方法有以下两种。

（1）回归：包括线性回归和多元回归。

（2）对数线性模型：类似于离散多维概率分布。

无参数的特征值归约方法有以下三种。

（1）直方图：采用分箱近似数据分布，其中 V-最优和 MaxDiff 直方图是较精确和实用的。

（2）聚类：将数据划分为群或聚类，使在一个聚类中的对象"类似"，而与其他聚类中的对象"不类似"。在数据归约时可用数据的聚类代替实际数据。

（3）抽样：用数据的较小随机样本表示大的数据集，如简单抽样 N 个样本（类似于样本归约）、聚类抽样和分层抽样等。

本章小结

本章首先从数据采集的概念、采集方法等方面介绍了大数据的采集，着重讲述了大数据的采集方法，包括系统日志采集和网络数据采集等；然后简要介绍了大数据的预处理技术，包括数据清洗、数据集成、数据变换和数据归约等。

思考与练习

一、选择题

1. 以下关于数据分析预处理的过程描述正确的是（　　　）。

　　A. 数据清洗包含了数据标准化、数据合并和缺失值处理

　　B. 数据转换主要是分箱法

　　C. 预处理过程主要包括数据清洗、数据标准化和数据转换，它们之间存在交叉，没有严格的先后关系

2. 大数据采集的数据源包括（　　　）。

　　A. 传感器数据

　　B. 日志数据

　　C. 互联网数据

　　D. 以上均是

3. 数据集成是指（　　）。

　A. 对数据进行处理并进行存储的过程

　B. 进行数据的合并整理过程

　C. 将不同应用系统、不同数据形式在原应用系统不做任何改变的条件下，进行数据采集、转换以便储存的数据整合过程

二、简答题

1. 大数据采集的方法包括哪些？
2. 简要阐述数据预处理原理。
3. 数据转换的主要内容包括什么？
4. 简述数据归约的三种方法。

第 4 章
数据存储与管理技术

 本章导读

数据存储与管理是大数据分析流程中的重要一环,通过数据采集得到的数据,必须进行有效的存储和管理,才能用于高效的处理和分析。数据存储与管理是利用计算机硬件和软件技术对数据进行有效的存储和应用的过程,其目的在于充分有效地发挥数据的作用。在大数据时代,传统的数据存储与管理面临着巨大的挑战,一方面,需要存储的数据类型越来越多,包括结构化数据、半结构化数据和非结构化数据;另一方面,涉及的数据量越来越大,已经超出了很多传统数据存储与管理技术的处理范围。但了解数据库管理技术的发展历史,掌握传统的数据管理技术,才会进一步了解哪些技术在大数据时代仍然有用,以及新技术具有的优势。

本章主要介绍传统数据库系统的发展历史、基本概念及特点,数据库技术的重要性,以及大数据时代的主要数据存储与管理技术。

 学习目标

(1)熟悉数据库的基本概念与发展历程。
(2)认识数据库的设计、管理以及应用的基本理论和实现方法。
(3)了解大数据时代的主要数据存储与管理技术以及其对当今社会发展的重要意义。

 思政目标

(1)通过学习数据库,加强对数据库存储与管理技术的专业了解,培养探究意识,激发学习兴趣。
(2)通过介绍数据库技术成为关键技术的原因以及近年来具有中国自主知识产权数据库发展现状,使学生理解开展数据库研究和构建数据库系统软件对国家发展的重要意义,厚植学生爱国情怀,鼓励学生毕业后能够积极投入到自主知识产权数据库技术的研发工作中。

第4章 数据存储与管理技术

4.1 人工管理阶段

通过计算机进行数据存储与管理的历史可以追溯到70多年前,那时的数据管理非常简单,通过大量的分类、比较和表格绘制的机器运行数百万穿孔卡片来进行数据的处理,其运行结果在纸上打印出来或者制成新的穿孔卡片。而数据管理就是对所有这些穿孔卡片进行物理的储存和处理。

20世纪50年代中期以前,计算机主要用于科学计算。硬件方面,计算机的外部存储设备只有磁带、卡片、纸带等间接存储介质,没有磁盘等直接存取的存储设备,存储量非常小;软件方面,没有操作系统,没有高级语言,数据处理的方式是批处理,即机器一次处理一批数据,直到运算完成为止,中间不能被打断。

人工管理阶段的数据具有以下几个特点。

(1)数据不保存。由于当时计算机主要用于科学计算,数据保存上并不做特别要求,只是在计算某一个课题时将数据输入,用完即退出,对数据不做保存,甚至有时对系统软件编码亦不保存。

(2)数据不具有独立性。数据是作为输入程序的组成部分,即程序和数据是一个不可分割的整体。

(3)数据不共享。数据是面向应用的,一组数据对应一个程序。不同应用的数据之间是相互独立、彼此无关的,即使两个不同应用涉及相同的数据,也必须各自定义,无法相互利用,相互参照。数据不但高度冗余,而且不能被共享。

(4)由应用程序管理数据。数据没有专门的软件进行管理,需要应用程序自行管理。应用程序既要规定数据的逻辑结构,又要设计物理结构(存储结构、存取方法、输入/输出方式等)。

综上所述,由于在人工管理阶段,程序和数据之间存在一一对应关系,所以有人也称这一数据管理阶段为无管理阶段。

 知识拓展

从1790年开始,美国每十年进行一次人口普查。百年间,随着人口繁衍和移民的增多,从1790年的400万不到,到1880年超过5000万,人口总数呈爆炸式地增长,如图4-1所示。

与当今互联网时代不同,人一出生,各种信息就已经通过电子化登记在案,甚至还能通过数据挖掘获取。在那个计算设备简陋到几乎只能靠手摇进行四则运算的19世纪,千万级的人口统计就已经成了当时政府的一项沉重工作。1880年开始的第10次人口普查,历时8年才最终完成,这意味着,他们在休息两年之后就要开始第11次普查了,而后面普查将会耗时更长,甚至超过10年的时间。这可愁坏了当时的人口调查办公室,他们决定面向全社会招标,寻求能减轻手工劳动、提高统计效率的发明。正所谓机会都是给有准备的人的,一位毕业于哥伦比亚大学的年轻人赫尔曼·霍尔瑞斯(Herman Hollerith)凭借他在1884年申请的专利从众多方案中脱颖而出。

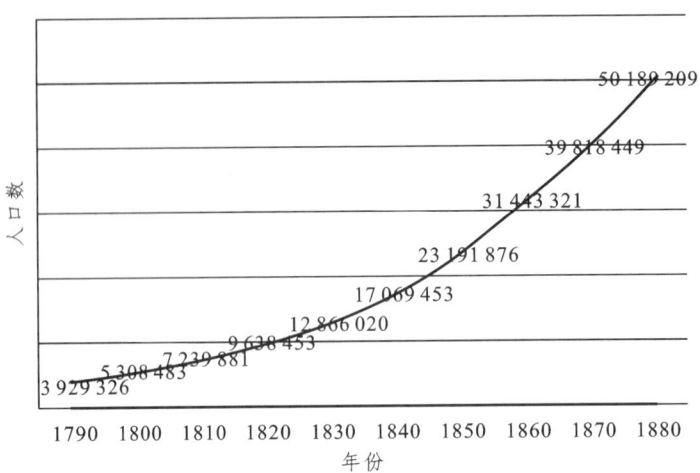

图 4-1　1790—1880 年美国人口增长曲线

制表机

他发明的机器叫作制表机（tabulator/tabulating machine），顾名思义，就是专门用来制作数据统计表的机器。制表机主要由示数装置、穿孔机、读卡装置和分类箱组成，如图 4-2 所示。

示数装置包含 4 行、10 列共 40 个示数表盘，每个盘面被均匀地分成 100 格，并装有两根指针，和钟表十分相像，"分针"转一圈可计 100，"时针"转一圈则计 10 000。可见，整个示数装置可以表达很庞大的数据。

图 4-2　制表机

制表机的工作是围绕穿孔卡片展开的：操作员先使用穿孔机制作穿孔卡片，再使用读卡装置识别卡片上的信息，机器自动完成统计并在示数表盘上实时显示结果，最后，将卡片投入分类箱的某一格中，进行分类存放，以供下次统计使用。

穿孔卡片的应用

此前的某一天，霍尔瑞斯正在火车站排队检票，目光不经意落到检票员手中咔咔直响的打孔机上。他发现，检票员会特意根据乘客的性别和年龄段，在车票的不同地方打孔。随着越来越多的人过检，他进一步确认了这个规律。一个灵感朝他袭来：如果有一张更大的卡，上面有更多的位置可以打孔，就可以用来表示更多的身份信息，包括国籍、人种、性别、生日等。

图 4-3 所示为在 1890 年人口普查中的穿孔卡片，一张卡片记录一个居民的信息。卡片设计长约 18.73 厘米，宽约 8.26 厘米，正好是当时一张美元纸币的尺寸，因为霍尔瑞斯直接用财政部装钱的盒子来装卡片。

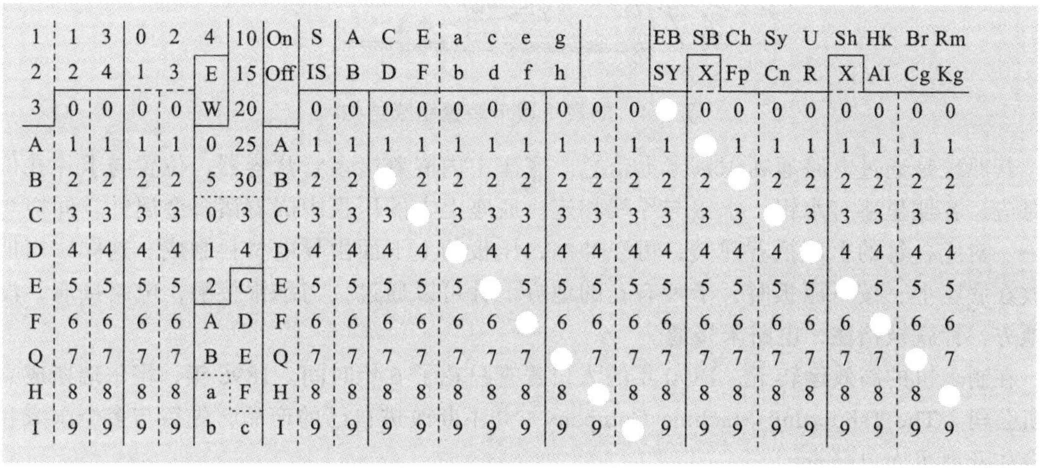

图 4-3 霍尔瑞斯的穿孔卡片

卡片设有 300 多个孔位，与雅卡尔和巴贝奇的做法一样，靠每个孔位打孔与否来表示信息。尽管这种形式颇有几分二进制的意味，但当时的设计还远不够成熟，并没有用到二进制真正的价值。举个例子，我们现在一般用 1 位数据就可以表示性别，比如 1 表示男性，0 表示女性，而霍尔瑞斯在卡片上用了两个孔位，表示男性就在其中一处打孔，表示女性就在另一处打孔。表示日期时浪费的位置就更多了，12 个月需要 12 个孔位，而常规的二进制编码只需要 4 位。当然，这样的局限也与制表机中简单的电路实现有关。

细心的读者可能发现图 4-3 中卡片的右下角被切掉了，那不是残缺，而是为了避免位置放错而专门设计的，和现在的二维码只有 3 个角是一个道理。

统计原理

打好孔后，下一步就是将卡片上的信息统计起来。读卡装置的组成如图 4-4 所示，其外形和使用方式有点类似现在的重型订书机，将卡片置于压板和底座之间，按压手柄，就完成了对这张卡片的信息读取。

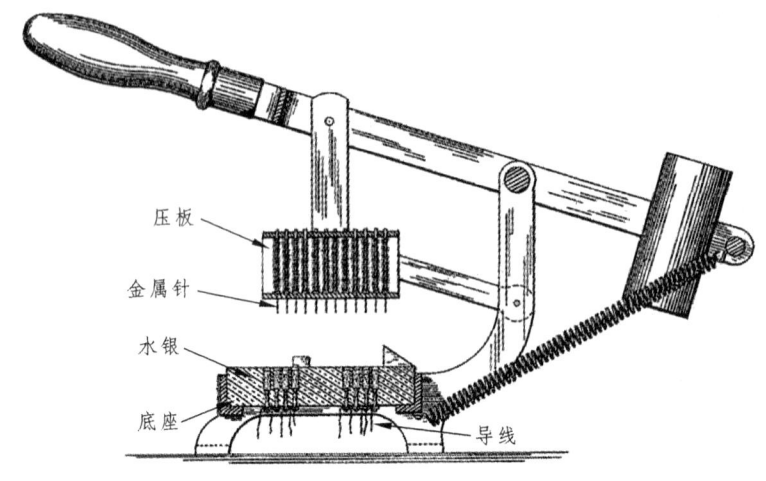

图 4-4 制表机读卡装置组成结构

其原理是通过电路通断识别卡上信息。底座中内嵌着诸多管状容器,位置与卡片孔位一一对应,容器里盛有水银,水银与导线相连。底座上方的压板中嵌着诸多金属针,同样与孔位一一对应,针的上部抵着弹簧,可以伸缩,压板的上下面由导电材料制成。这样,当把卡片放在底座上,按下压板时,卡片有孔的地方,针可以通过,与水银接触,电路接通,没孔的地方,针就被挡住,电路未接通。

在制表机的高效运转下,1890 年的人口普查只花了 6 年时间。1896 年,霍尔瑞斯成立制表机公司(The Tabulating Machine Company)并不断改进自己的产品,先后与多个国家和地区合作开展了人口普查。

1911 年,制表机公司与另外 3 家公司合并成立 CTR 公司(Computing- Tabulating-Recording Company),制表机公司作为其子公司继续运营到 1933 年。1924 年,CTR 更名为国际商业机器公司(International Business Machines Corporation),就是现在大名鼎鼎的 IBM 公司。

4.2 文件系统

20 世纪 50 年代后期到 60 年代中期,数据管理发展到文件系统阶段。此时的计算机不仅用于科学计算,还大量用于管理。在硬件方面,外存储器有了磁盘、磁鼓等直接存取的存储设备。在软件方面,操作系统中已经有了专门用于管理数据的软件,称为文件系统。文件系统负责为用户管理文件,包括存入、读出、修改等操作。

我们平时在计算机上使用的、文本文件、音频文件、视频文件等,都由文件系统进行统一处理。

这一时期的数据存储和管理技术特点如下:

(1)数据长期保留。数据可以长期保留在外部存储设备上反复使用。

(2)数据具有一定的独立性。由于有了文件系统,能进行专门的数据管理,使得工程师可以集中精力在算法设计上,不必过多地考虑数据存储结构、读取方式等细节。例如在读取数据时,只需给出文件名,不必知道文件在存储设备上的具体存放地址。而数据的改变也不会引起程序的改变，文件的逻辑结构和物理结构由系统进行转换，使得程序与数据具备了一定的独立性。传统的文件处理如图 4-5 所示。

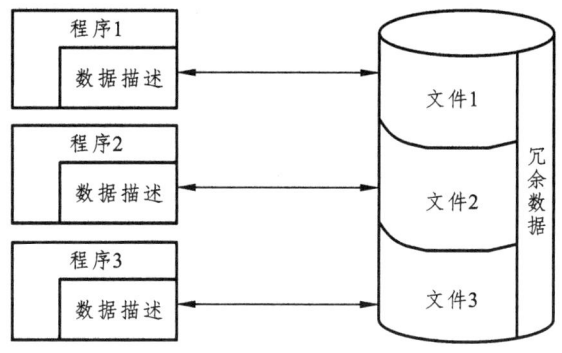

图 4-5　传统的文件处理

文件系统阶段比人工管理有了很大改进，但这种方法仍有一些缺点，主要如下：

（1）数据共享性差，冗余度大。当不同的应用程序所需的数据有部分相同时，仍需建立各自的独立数据文件，而不能共享相同的数据。因此，数据冗余大，空间浪费严重，并且相同的数据重复存放，加大了修改难度，稍有不慎，就会造成数据的不一致。

（2）数据和程序缺乏足够的独立性。文件中的数据是面向特定的应用的，文件之间是孤立的，不能反映现实世界事物之间的内在联系，对系统进行功能改变时的支持度较差。

4.3　关系型数据库

从 20 世纪 60 年代后期开始，数据管理进入数据库系统阶段。现实世界是复杂的，反映现实世界的各类数据之间必然存在错综复杂的联系。为反映这种复杂的数据结构，让数据资源能为多种应用服务，并为多个用户所共享，同时为使用户能更方便地使用这些数据资源，在计算机科学中，逐渐形成了数据库技术这一独立分支。

数据库（Data Base，DB）是指长期存储在计算机内有组织、可共享的数据集合。数据库管理系统（Data Base Management System，DBMS）是位于用户与操作系统之间的一层数据管理软件，它和操作系统一样是计算机的基础软件，用于科学地组织和存储数据，高效地获取和维护数据。在不引起歧义的情况下，经常会混用"数据库"和"数据库管理系统"这两个概念。计算机中的数据存储与管理统一由数据库系统来完成。数据库处理模型如图 4-6 所示。

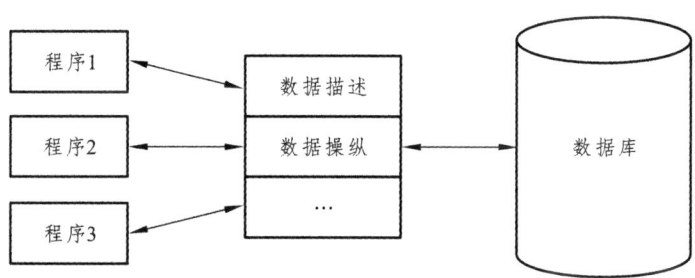

图 4-6　数据库管理系统

在数据库的发展历史上，先后出现过网状数据库、层次数据库、关系型数据库等不同类型的数据库，这些数据库分别采用了不同的数据模型（数据组织方式）。

数据库系统的目标是解决数据冗余问题，实现数据独立性，实现数据共享，并解决由于数据共享而带来的数据完整性、安全性及并发控制等一系列问题。这一阶段，数据管理具有如下优点：

（1）数据结构化。数据结构化是数据库系统与文件系统的根本区别。数据库系统将数据按一定的结构形式（即数据模型）组织到数据库中，不仅考虑了某个应用的数据结构，而且考虑了整个组织（即多个应用）的数据结构，不仅数据内部是结构化的，数据之间也是结构化的；不仅描述了数据本身，也描述了数据间的有机联系，从而较好地反映了现实世界事物间的自然联系。

（2）数据共享性高，冗余度小，易扩充。数据库以整体的观点来看待和描述数据，数据不再是面向某一应用，而是面向整个系统。这样就减小数据的冗余，节约存储空间，缩短存取时间，避免数据之间的不相容和不一致问题。

（3）数据独立性高。数据库提供数据的存储结构与逻辑结构之间的映像或转换功能，使得当数据的物理存储结构改变时，数据的逻辑结构可以不变，从而程序也不用改变，这就是数据与程序的物理独立性，也就是说数据库可以保证数据的物理结构改变不会引起逻辑结构的改变。

（4）统一的数据管理和控制功能。其包括数据的安全性控制、数据的完整性控制及并发控制、数据库恢复等。

目前比较主流的数据库是关系型数据库，它采用了关系数据模型来组织和管理数据。一个关系数据库可以看成许多关系表的集合，每个关系表可以看成一张二维表格，表 4-1 所示为一张学生信息关系表。

表 4-1 学生信息关系表

学号	姓名	性别	年龄	考试成绩
95001	张三	男	21	88
95002	李四	男	22	95
95003	王梅	女	22	73
95004	林莉	女	21	96

市场上常见的关系型数据库产品包括 Oracle、SQL Server、MySQL、DB2 等。因为关系型数据库的数据通常具有规范的结构，所以通常把保存在关系数据库中的数据称为"结构化数据"。

总体而言，关系型数据库具有如下特点：

（1）存储方式。关系型数据库采用表格的存储方式，数据以行和列的方式进行存储，修改和查询都十分方便。

（2）存储结构。关系型数据库按照结构化的方法存储数据，每个数据表的结构都必须事先定义好（比如表的名称、字段名称、字段类型、约束等），然后根据表的结构存入数据。这样做的好处是，由于数据的形式和内容在存入数据库以前就定义好了，所以整个数据表的可靠性和稳定性都比较高，但带来的问题是数据模型不够灵活，一旦存入数据后，如果要修改数据表的结构就会十分困难。

（3）存储规范。关系型数据库为了规范化数据、减少重复数据，以及充分利用存储空间，将数据按照最小关系表的形式进行存储，这样数据就可以变得清晰、一目了然。当存在多个表时，表和表之间通过主外键关系发生关联，并通过连接查询获得相关结果。

（4）扩展方式。由于关系型数据库将数据存储在数据表中，数据操作的性能瓶颈出现在对多张数据表的操作中，而且数据表越多，这个问题越严重。若要缓解这个问题，只能提高数据库处理能力，也就是选择处理速度更快、性能更高的计算机，这样的方法虽然具有一定的拓展空间，但是非常有限，也就是一般的关系型数据库只具备有限的纵向扩展能力。

（5）查询方式。关系型数据库采用结构化查询语言（Structured Query Language，SQL）来对数据库进行查询。SQL 语言允许用户在高层数据结构上对数据库进行操作，不要求用户指定对数据的存放方法，也不需要用户了解具体的数据存放方式。所以各种具有完全不同层结构的数据系统，可以使用相同的结构化查询语言作为数据输入与管理的接口。另外，结构化查询语言可以嵌套，这使它具有极大的灵活性和强大的功能。

（6）连接方式。不同的关系数据库产品都遵守一个统一的数据连接接口标准，即开放数据库连接（Open Database Connectivity，ODBC）。ODBC 的一个显著优点是，用它生成的程序是与具体的数据库产品是无关的，这样可以为数据库用户和开发者屏蔽不同数据库异构环境的复杂性。ODBC 提供了数据访问的统一接口，为应用程序实现与平台的无关性和可一致性提供了基础，因而获得了广泛的支持和应用。

4.4 分布式数据处理

4.4.1 分布式处理

分布式处理（distributed processing）或分布式计算（distributed computing）是指利用分散在不同位置的多台计算机通过消息传递（计算机间通信）协同工作以完成计算任务的方法和过程。显然，在任何计算机系统里都会有某种程度的分布式处理，即便是单处理器（CPU）计算机，其中的中央处理器和输入输出设备也是分布式的，例如在多文件的打印任务中，中央处理器负责加载打印数据并调度打印任务给打印机（输出设备），打印机在接到命令后开始打印作业，中央处理器在发送完成一条打印指令后，可以继续处理下一个文件打印任务，不必等待打印机完成此次打印任务。

分布式计算系统（distributed computing system）要求具备一定数量的自主式处理单元，这些单元通过计算机网络互联，并且协同处理它们各自分配到的任务。这里的"处理单元"是指能够执行自己程序的计算装置。

这里我们需要回答一个基本的问题：究竟什么能够分布？第一种是处理逻辑（Processing Logic），从上述对分布式计算系统的定义可以看出，其隐含地假定处理逻辑或者处理单元是分布的。第二种是功能（function），计算机系统的不同功能可以被分派到不同的硬件或软件节点上。第三种则是数据（data），应用程序所使用的数据可以被分派到若干处理节点上。最后，控制（control）也能够分布，对不同任务的控制命令的执行可以分布，而不是必须由一台计算机系统完成。从分布式处理来看，所有这些方式都是必要且重要的。

讨论到这里可能会有疑问：为什么需要分布？从传统意义来说，分布式处理能更好地适应现今企业的跨地区、跨国组织架构，更为重要的是，现代互联网技术的许多应用本身就是分布式的，例如电子商务、多媒体、即时新闻、医疗图像、制造控制系统等。

从更为全面的观点看，可以说分布式处理背后的根本原因是：使用一种分而治之的方法应对今天所面临的大规模数据管理问题。现在所用的分布式处理的软件，可以把复杂的问题分割成更小的部分，并把它们分配到不同的软件群加以解决，这些软件群工作在不同的计算机上，它们形成一个系统，运行在多个处理单元上，完成一件共同的任务。

4.4.2 分布式数据库

分布式数据库是一群分布在计算机网络上逻辑相互关联的数据库，分布式数据库管理系统（Distributed Database Management System，DDBMS）则是支持管理分布式数据库的软件系统，有时分布式数据库系统（Distributed Database System，DDBS）用于表示分布式数据库和分布式 DBMS 两者。

DDBS 不是仅把数据库存储在网络上某个单一站点的系统（见图 4-7），而是数据文件不仅逻辑上相关，并且数据之间要形成分布式结构，能够通过共同的界面存取，数据在物理上是分布的，所谓物理上是指 DDBS 通过网络通信共享数据资源，如图 4-8 所示。

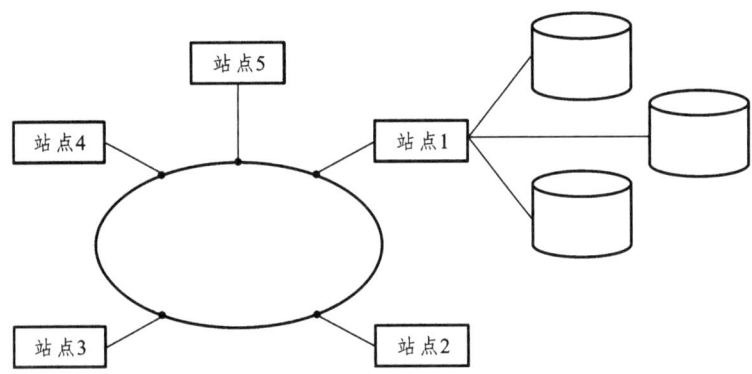

图 4-7　网络上的集中式数据库

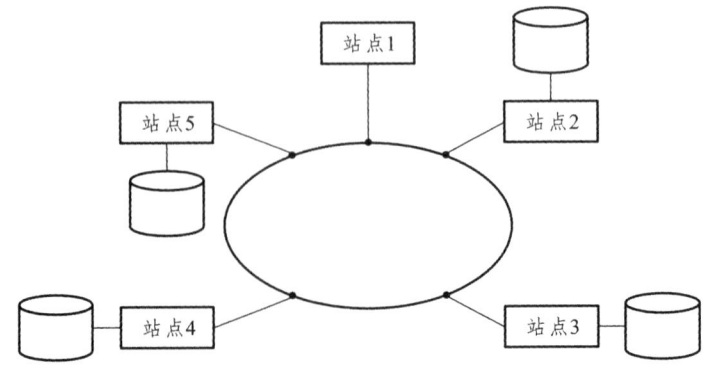

图 4-8　分布式数据库系统（DDBS）

4.5 分布式数据库系统的复杂性

在分布式环境下，数据库系统所遇到的问题更为复杂。进一步讲，新增加的复杂性主要受到三方面的影响。

第一，数据可以在分布式的环境里复制。分布式数据可以设计成部分或全部的数据库复制在计算机网络的每个节点上。复制数据的出发点是考虑数据库的可靠性及性能，因此分布式数据库系统要负责：

（1）为检索选择所需数据的一个副本。

（2）保证数据项的每个副本都会得到及时的更新。

第二，如果正在更新数据时某些节点出现故障（例如，硬件或软件功能出现问题），或者是节点之间出现通信故障（导致某些节点失去与整个系统的联系）。在这种情况下，系统必须确保在故障或通信恢复时，将故障期间数据的变化及时更新到恢复后的节点上。

第三，因为分布式系统中每个节点不可能随时了解其他节点正在进行的任务，这就使得其事务同步比传统数据库系统困难得多。

上述影响给分布式 DBMS 带来了若干问题，包括开发分布式系统本身的复杂性，资源复制所产生的资源及成本的增加，而更重要的是对分布本身的管理，如何控制不同节点配合完成一项任务，以及如何保证数据通过网络在各节点间传输时的安全性。

4.6 并行数据库

4.6.1 并行数据库概述

一个并行计算机或是多核处理器，是一种特殊的分布式系统。该系统由一系列功能模块组成，例如处理器、内存和磁盘，并由一个房间内多个机柜中的快速网络连接起来，如图 4-9 所示。

图 4-9　机房机柜图片

其主要的思想是用很多小型机构造一个高性能机,每台小型机都拥有非常优秀的性价比,使得总体组合的价格低于同等的大型机。并行数据库能够利用这种并行计算机或多核处理器结构来实现高效率、高可用性的数据库服务器。因此,它们能支撑起超高负载的超大规模数据库。

4.6.2 并行数据库系统架构

1. 功能架构

假定在客户端/服务器(C/S)架构下(见图4-10),一个并行数据库系统所支持的功能可以被划分为3个子系统。

(1)会话管理程序。它的作用在于事务监控,并为客户端与服务器端交互提供支持,实现了客户端进程和其他两个子系统之间的连接与断开操作。

(2)事务管理程序。它接收客户端关于数据查询与更新的相关事务。它能访问那些保存的元数据、数据的文件夹,触发查询的执行,并向客户端应用返回结果和错误代码。由于它监督事务的执行和提交,因此在事务失败时它负责触发恢复过程。

(3)数据管理程序。它提供了所有的底层功能,包括数据库实际底层算子的执行,并行事务支持,缓存管理等。

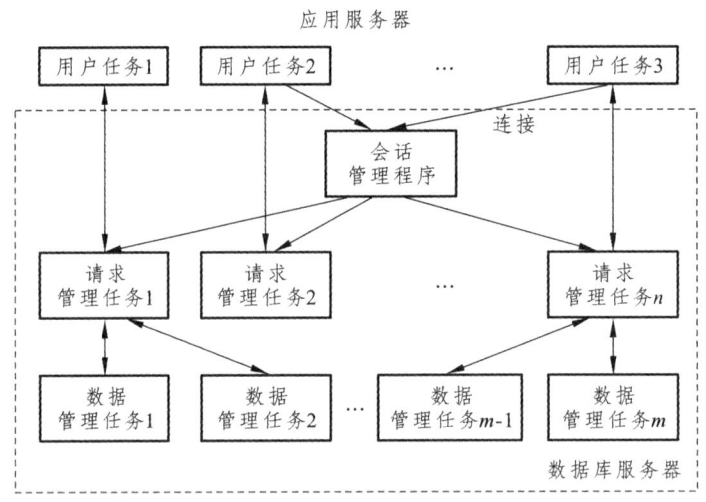

图4-10 一个并行数据库系统的通用架构

 **知识拓展**

元数据(Meta Date):关于数据的数据或者又叫作用来描述数据的数据。

我们可以把元数据简单地理解成最小的数据单位。元数据可以为数据说明其元素或属性,例如数据的名称、大小、数据类型等,又或其结构,如长度、字段、数据列等,还或其相关数据,例如位于何处、如何联系、拥有者是谁。

举几个简单的例子：

使用过数码相机的同学都应该知道，每张数码照片都会存在一个EXIF（可交换图像文件格式）信息。它就是一种用来描述数码图片的元数据。根据EXIF标准，这些元数据包括：Image Description（图像描述、来源，指生成图像的工具）、Artist（作者）、Make（生产者）、Model（型号）等。

生活中我们填写的《个人信息登记表》，包括姓名、性别、民族、政治面貌、一寸照片、学历、职称等信息，这些就是确定某个人的元数据。使用元数据是一种用以确保各种形式的内容都能按需要被查找到的很有效的方法。

前面提到，元数据实际上是为产品的可查找性服务的。用户在查找信息的时候不会输入该照片的编号，而是直接输入关于照片的描述性信息如"小狗 贺年卡"，也就意味着在创建关于描述性元数据的时候要尽量地提取出这个对象所包含的特征，这些才是人们能记住的和用于搜索的细节。

2. 并行DBMS架构

像任何一个系统一样，一个并行数据库系统代表了一种设计选择上的妥协，其目标是能够提供前面所提到的高性价比优点。一个指导性的设计原则是通过使用一些高速的互联网络将处理器、主存和磁盘等硬件的主要组成连接起来。依据内存和磁盘的共享程度，有三种基本的并行计算机架构：共享内存（shared-memory）、共享磁盘（shared-disk）和无共享（shared-nothing）。

1）共享内存架构

在共享内存方法中，任何处理器拥有通过高速互联网络访问任何内存模块或磁盘的权限，所有的处理器被控制在一个单一的操作系统下，如图4-11所示。其典型产品为IBM的DB2。

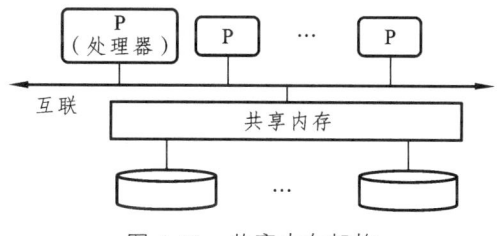

图4-11 共享内存架构

共享内存架构的两大优点：第一，简单。由于元数据和控制信息可以被所有处理器共享，因此其数据库软件和基于单处理器的软件没有太大区别。第二，具备负载均衡特性。由于使用共享内存为每个新任务分配最不忙的处理器，负载均衡能够非常容易地在运行时实现。

共享内存架构的三个问题：第一，高成本。高成本是由互联产生的，它需要非常复杂的硬件来将每个处理器、内存和磁盘连接起来。第二，有限的可扩展性。处理器越快，对共享内存的访问冲突越大，反而会降低执行效率，因此其可扩展性被限制到只能支持几十个处理器。第三，低可用性。由于共享内存被所有处理器共享，一个内存错误可能影响所有的处理器工作，降低了整体的可用性。

2）共享磁盘架构

在共享磁盘的方法中，任何处理器可以通过互联网访问到磁盘，但每个处理器内存节点受它自己的操作系统控制，不共享，如图 4-12 所示。于是，每个处理器能在共享磁盘上访问数据库，并将其缓存至自己的内存中。为了避免不同的处理器在更新相同的数据时引发数据冲突，该架构均存在全局缓存，通常由一个分布式锁对其进行管理。其典型产品是 Oracle RAC。

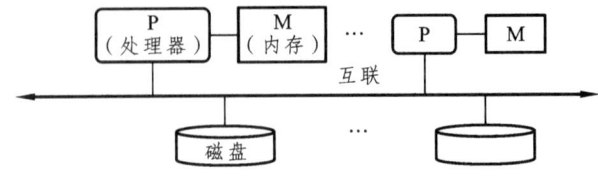

图 4-12　共享磁盘架构

共享磁盘的优点包括低成本、高可扩展性、负载均衡，高可用性。因为可以使用标准的总线技术，互联成本明显比共享内存低。若每个处理器都有足够的内存，彼此在共享磁盘上的干扰会被最小化，这样会带来更好的可扩展性，普遍可以支持到 100 个处理器左右。由于软、硬件错误导致的故障不会影响其他非故障节点，其可用性也较高。

其缺点也很明显，如存在潜在的性能问题。它需要更加复杂的分布式数据库系统对并发事务进行控制。另外，为了保证各处理器缓存中的数据一致，这会带来额外的通信开销，降低执行效率，各处理器访问共享磁盘的行为也会成为潜在的性能瓶颈。

3）无共享架构

在无共享方法中，每个处理器访问自己独有的主存和磁盘单元，每个处理器-内存-磁盘模块都仅受控于自身操作系统，如图 4-13 所示。每个节点均可以被看成在一个分布式数据库系统中的一个本地站点（具备自己的数据库和软件），因此大多数分布式数据库设计所用的方案，都能在无共享结构上得到复用。其典型产品为 Teradata。

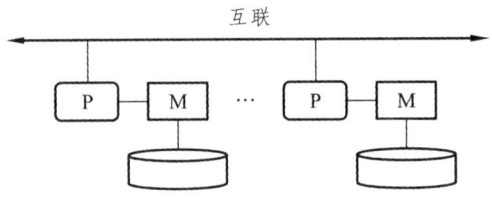

图 4-13　无共享架构

无共享架构具有三个主要优点：低成本、高可扩展性和高可用性。其成本比共享磁盘更低，因为共享磁盘需要为磁盘提供特殊的互联。通过分布式数据库的设计，可以使增加新节点时的系统性能平稳增长，具备更好的可扩展性。另外，由于对数据的存储在多磁盘上进行了划分，对于简单的工作可以达到几乎线性的加速比和可扩展比。最后，通过在多个节点上复制数据，同样能满足高可用性。

缺点在于上层管理系统更加复杂。高复杂性主要是因为必须在大规模节点上实现分布式数据库系统功能。此外，负载均衡的实现会更加困难，不同于共享内存和共享磁盘，无共享架构的负载均衡决策是基于数据的位置，而非系统实际的负载。此外，系统新增节点可能需要重组数据库，以处理负载均衡问题。

4.7 大数据处理架构 Hadoop

4.7.1 Hadoop 简介

Hadoop 是 Apache 基金会旗下的一个可靠的、可扩展的分布式计算开源软件框架,为用户提供了系统底层透明的分布式基础架构。Hadoop 基于 Java 语言开发,具有很好的跨平台特性,它允许用户使用简单的编程模型在廉价的计算机集群上对大规模数据集进行分布式处理。Hadoop 旨在从单一服务器扩展到成千上万台机器,每台机器都提供本地计算和存储,且将数据备份在多个节点上,以此来提升集群的高可用性,而不是通过硬件提升。当一台机器出现故障时(宕机),其他节点依然可以提供数据和计算服务。

Hadoop 是由 Apache Lucence 创始人道格·卡丁创建的,Lucence 是一个应用广泛的文本搜索系统库。Hadoop 起源于开源的网络搜索引擎 Apache Hutch,它本身是 Lucence 项目的一部分。

Nutch 项目开始于 2002 年,是一个可以代替当时主流搜索产品的开源搜索引擎。但后来,它的创始人道格·卡丁和迈克·卡法雷拉遇到了棘手难题,该搜索引擎框架只能支持几亿条数据的抓取、索引和搜索,无法扩展到拥有数十亿条网页数据的网络。

2003 年,谷歌发表了论文《谷歌文件系统》,解决了大规模数据存储的问题。于是在 2004 年,Nutch 项目借鉴谷歌 GFS 使用 Java 语言开发了自己的分布式文件系统,即 Nutch 分布式文件系统 NDFS,也就是 HDFS 的前身。

2004 年,谷歌又发表了一篇具有深远影响的论文《MapReduce:面向大型集群的简化数据处理》,阐述了 MapReduce 分布式编程思想。Nutch 开发者们发现谷歌 MapReduce 所解决的大规模搜索引擎数据处理问题,正是他们当时面临并亟待解决的难题。于是,Nutch 开发者们模仿 MapReduce 框架设计思路,使用 Java 语言设计并于 2005 年初开源实现了 MapReduce。

2006 年 2 月,Nutch 中的 NDFS 和 MapReduce 独立出来,形成了 Lucence 的子项目,并命名为 Hadoop;同时道格·卡丁进入雅虎,雅虎为此组织了专门的团队和资源,致力于将 Hadoop 发展成为能够处理海量 Web 数据的分布式系统。

2007 年,《纽约时报》把存档报纸扫描版的 4 TB 文件在 100 台亚马逊虚拟机服务器上使用 Hadoop 转换为 PDF 格式,这一事件更加深了人们对 Hadoop 的印象。

2008 年,谷歌工程师克里斯托弗·比斯格利亚发现把当时的 Hadoop 放到任意一个集群中去运行是一件很困难的事,所以与好杰夫·哈默巴赫尔、埃姆·阿瓦达拉、迈克·奥尔森成立了专门商业化 Hadoop 的公司 Cloudera。

2008 年 1 月,Hadoop 成为 Apache 的顶级项目。

2008 年 4 月,Hadoop 打破世界纪录,成为最快的 TB 级数据排序系统。在一个 910 节点的集群上,Hadoop 在 209 s 内完成了对 1 TB 数据的排序,击败了前一年的冠军(花费 297 s)。

2009 年 4 月,Hadoop 再次对 1 TB 数据进行排序,只花了 62 s。

2011 年,雅虎将 Hadoop 团队独立出来,由雅虎主导 Hadoop 开发的副总裁埃里百·布雷德埃斯韦勒带领二十几个核心成员成立子公司 Hortonworks,专门提供 Hadoop 相关服务。该公司只成立3年就上市了。同年12月，Hortonworks发布了1.0.0版本，标志着Hadoop已经初具生产规模。

2012年，Hortonworks推出了YARN框架第一版本，从此Hadoop的研究进入了一个新阶段。

2013年10月，Hortonworks发布了2.2.0版本，Hadoop正式进入了2.x时代。

2014年，Hadoop 2.x更新速度非常快，先后发布了2.3.0、2.4.0、2.5.0和2.6.0，极大完善了YARN框架和整个集群的功能。Cloudera、Hortonworks等很多Hadoop研发公司都与其他企业合作共同开发Hadoop的新功能。

2015年4月，Hortonworks发布了2.7.0版本。

2016年，Hadoop及其生态圈组件Spark等在各行各业落地并得到广泛应用，YARN持续发展以支持更多计算框架。同年9月，Hortonworks发布了Hadoop 3.0.0-alphal版本，预示着Hadoop 3.x时代的到来。

2018年11月，Hortonworks发布了Hadoop 2.9.2，同年10月发布了Ozone第一版0.2.1-alpha。Ozone是Hadoop的子项目，该项目提供了分布式对数存储，建立在Hadoop分布式数据存储HDFS上。

2019年1月，Hortonworks发布了Hadoop 3.2.0和Submarine第一版0.1.0。Submarine是Hadoop的子项目，该项目旨在YARN等资源管理平台上运行TensorFlow、PyTorch等深度学习应用程序。

目前，Hadoop在业内得到了广泛应用。在工业界，Hadoop已经是公认的大数据通用存储和分析平台，许多厂商都围绕Hadoop提供开发工具、开源软件、商业化工具和技术服务，例如谷歌、雅虎、微软、淘宝等。另外，还有一些专注于Hadoop的公司，例如Cloudera、Hotonworks和MapR都可以提供商业化的Hadoop支持。

4.7.2 Hadoop的特点

Hadoop是一个能够对海量数据进行分布式处理的计算平台，用户可以轻松地在Hadoop上开发软件和运行处理海量数据，其主要优点包括以下几个方面：

1. 高可靠性

Hadoop采用冗余数据存储方式，即使一个副本发生故障，其他副本也可以保证正常对外提供服务。

2. 高扩展性

Hadoop的设计目标是可以高效稳定地运行在廉价的计算机集群上，可以方便添加机器节点，并扩展到数以千计的计算机节点上。

3. 高效性

作为分布式计算平台，Hadoop能够高效地处理PB级数据。

4. 高容错性

Hadoop采用冗余数据存储方式，自动保存数据的多个副本。当读取该文档出错或者某一台机器宕机时，系统会调用其他节点上的备份文件，保证程序顺利运行。

5. 低成本

Hadoop 是开源的，不需要支付任何费用即可下载安装使用。另外，Hadoop 集群可以部署在普通机器上，而不需要部署在价格昂贵的小型机上，能够大大减少公司的运营成本。

6. 支持多种平台

Hadoop 支持 Windows 和 GNU/Linux 两类运行平台。Hadoop 是基于 Java 语言开发的，因此其最佳运行环境无疑是 Linux。Linux 的发行版本众多，常见的有 CentOS、Ubuntu、Red Hat、Debian、Fedora、SUSE、openSUSE 等。

7. 支持多种编程语言

Hadoop 上的应用程序可以使用 Java、C++进行编写。

4.7.3　Hadoop 的版本

Hadoop 的发行版本有两类，一类是由社区维护的免费开源的 Apache Hadoop，另一类是 Cloudera、Hortonworks、MapR 等商业公司推出的 Hadoop 商业版。

Apache Hadoop 版本分为三代，分别称为 Hadoop 1.0、Hadoop 2.0、Hadoop 3.0。第一代 Hadoop 包含 0.20.x、0.21.x、和 0.22.x 三大版本，其中 0.20.x 最后演化成 1.0.x，变成了稳定版，而 0.21.x 和 0.22.x 则增加了 HDFS NameNode HA 等重要新特性。第二代 Hadoop 包含 0.23.x 和 2.x 两大版本，它们完全不同于 Hadoop 1.0，是一套全新的架构，均包含 HDFS Federation 和 YARN 两个系统。相比于 0.23.x，2.x 增加了 NameNode HA 和 Wire-compatibility 两个重大特性。需要注意的是，Hadoop 2.0 主要由从 Yahoo 独立出来的 Hortonworks 公司主持开发。与 Hadoop 2.0 相比，Hadoop 3.0 具有许多重要的增强功能，包括 HDFS 可擦除编码和 YARN 时间轴服务 v.2，支持 2 个以上的 NameNode，支持 Microsoft Azure Data Lake 和 Aliyun Object Storage System 文件系统连接器，并可服务于深度学习用例和长期运行的应用等重要功能。此外，新增的组件 Hadoop Submarine 使数据工程师能够在同一个 Hadoop YARN 集群上轻松开发、训练和部署深度学习模型。

Hadoop 商业版主要用于提供对各项服务的支持，高级功能要收取一定费用。这对一些研发能力不太强的企业来说是非常有利的，公司只要出一定的费用就能使用到一些高级功能。每个发行版都有自己的特点，这里对使用最多的 CDH 和 HDP 发行版做简单介绍。

Cloudera CDH 版本的 Hadoop 是现在国内公司使用最多的，其优点为 Cloudera Manager（CM）配置简单，升级方便，资源分配设置方便，非常有利于整合 Impala（查询系统），官方文档详细，与 Spark（分布式开源处理系统）整合非常好。在 CM 基础上，我们通过页面就能完成对 Hadoop 生态系统各种环境的安装、配置和升级；其缺点为 CM 不开源，Hadoop 某些功能与社区版有出入。目前，CDH 的最新版本为 CDH 5 和 CDH 6，读者可到官网获取更多信息。

Hortonworks HDP 的优点为原装 Hadoop、纯开源，版本与社区版一致，支持 Tez，采用集成开源监控方案 Ganglia 和 Nagios；缺点为安装、升级、添加节点、删除节点比较麻烦。目前，HDP 的最新版本为 HDP 2 和 HDP 3，读者可到官网获取更多信息。

注意，若无特别强调，本书均是围绕 Apache Hadoop 2.0 展开描述和讨论的。

4.7.4 Hadoop 生态系统

目前，Hadoop 已经成长为一个庞大的体系。狭义上来说，Hadoop 是一个适合大数据的分布式存储和分布式计算的平台，主要由分布式文件系统 HDFS、统一资源管理和调度框架 YARN 以及分布式计算框架 MapReduce 三部分构成。但广义上来讲，Hadoop 是指以 Hadoop 为基础的生态系统，Hadoop 仅是其中最基础、最重要的部分，生态系统中每个组件只负责解决某一特定问题。

Hadoop 2.0 生态系统如图 4-14 所示。

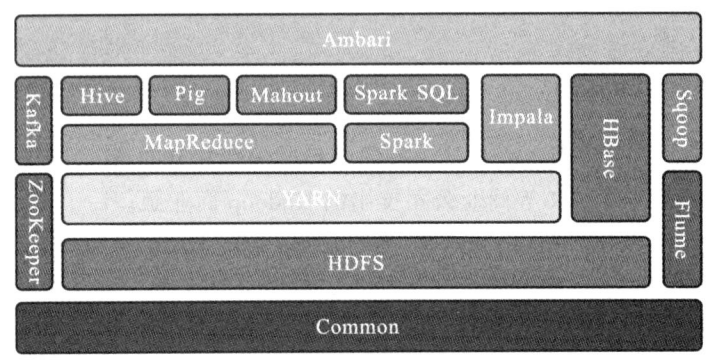

图 4-14　Hadoop 2.0 生态系统

1. Hadoop Common

Hadoop Common 是 Hadoop 体系中最底层的一个模块，为 Hadoop 各子项目提供各种工具，如系统配置工具 Configuration、远程过程调用 RPC、序列化机制和日志操作，是其他模块的基础。

2. HDFS

HDFS 是 Hadoop 分布式文件系统，是 Hadoop 三大核心之一，是针对谷歌文件系统 GFS 的开源实现。HDFS 是一个具有高容错性的文件系统，适合部署在廉价的机器上，且能提供高吞吐量的数据访问，非常适合大规模数据集上的应用。MapReduce、Spark 等大数据处理框架要处理的数据源大部分都存储在 HDFS 上，Hive、HBase 等框架的数据通常也存储在 HDFS 上。简而言之，HDFS 为大数据的存储提供了保障。

3. YARN

YARN 是统一资源管理和调度框架，它解决了 Hadoop 1.0 资源利用率低和不能兼容异构计算框架等多种问题，提供了资源隔离方案和双调度器解决方案，可在 YARN 上运行 MapReduce、Spark、Storm、Tez 等各种不同类型的计算框架。

4. MapReduce

Hadoop MapReduce 是分布式的、并行处理的编程模型，是针对谷歌 MapReduce 的开源实现。开发人员可以在不了解分布式系统底层设计原理和缺少并行应用开发经验的情况下，就能使用 MapReduce 计算框架快速轻松地编写出分布式并行程序，完成对大规模数据集（大于 1 TB）的并行计算。MapReduce 利用函数式编程思想，将复杂的、运行于大规模集群上的并行计算过程高度抽象为 Map 和 Reduce 两个函数，其中 Map 对可以并行处理的小数据集进行本地计算并输出中间结果，Reduce 对各个 Map 的输出结果进行汇总计算得到最终结果。

5. Spark

Spark 是加州伯克利大学 AMP 实验室开发的新一代计算框架，对迭代计算很有优势。和 MapReduce 计算框架相比，Spark 的性能提升明显，并且都可以与 YARN 进行集成。

6. HBase

HBase 是一个分布式的、面向列族的开源数据库，一般采用 HDFS 作为底层存储。HBase 是针对谷歌 Bigtable 的开源实现，二者采用相同的数据模型，具有强大的非结构化数据存储能力。HBase 使用 ZooKeeper 进行管理，它能否保障查询速度的一个关键因素就是 RowKey 的设计是否合理。

7. ZooKeeper

ZooKeeper 是 Google Chubby 的开源实现，是一个分布式的、开放源代码的分布式应用程序协调框架，为大型分布式系统提供了高效且可靠的分布式协调服务以及诸如统一命名服务、配置管理、分布式锁等分布式基础服务，并广泛应用于 Hadoop、HBase、Kafka 等大型分布式系统，例如 HDFS NameNode HA 自动切换、HBase 高可用、Spark Standalone 模式下的 Master HA 机制都是通过 ZooKeeper 来实现的。

8. Hive

Hive 是一个基于 Hadoop 的数据仓库工具，最早由 Facebook 开发并使用。Hive 可让不熟悉 MapReduce 的开发人员直接编写 SQL 语句，实现对大规模数据的统计分析操作。此外，Hive 还可以将 SQL 语句转换为 MapReduce 作业，并提交到 Hadoop 集群上运行。Hive 大大降低了学习门槛，同时也提升了开发效率。

9. Pig

Pig 与 Hive 类似，也是对大型数据集进行分析和评估的工具。不过与 Hive 提供 SQL 接口不同的是，它提供了一种高层的、面向领域的抽象语言 Pig Latino。和 SQL 相比，Pig Latino 更加灵活，但学习成本稍高。

10. Impala

Impala 由 Cloudera 公司开发，提供了与存储在 HDFS、HBase 上的海量数据进行交互式查询的 SQL 接口，其优点是查询非常迅速，其性能大幅领先于 Hive。Impala 并没有基于 MapReduce 计算框架，这也是 Impala 可以大幅领先 Hive 的原因。

11. Mahout

Mahout 是一个机器学习和数据挖掘库,它具有许多功能,包括聚类、分类、推荐过滤等。

12. Flume

Flume 是由 Cloudera 提供的一个高可用、高可靠、分布式的海量日志采集、聚合和传输的框架。Flume 支持在日志系统中定制各类数据发送方,用于收集数据,同时也可以提供对数据进行简单处理并写到各种数据接收方的能力。

13. Sqoop

Sqoop 是 SQL to Hadoop 的缩写,主要用于关系数据库和 Hadoop 之间的数据双向交换。可以借助 Sqoop 完成 MySQL、Oracle、PostgreSQL 等关系型数据库到 Hadoop 生态系统中 HDFS、HBase、Hive 等的数据导入导出操作,整个导入导出过程都是通过 Java 实现的,非常高效。Sqoop 项目开始于 2009 年,最早作为 Hadoop 的一个第三方模块存在,后来为了让使用者能够快速部署,也为了让开发人员能够更快速地迭代开发,Sqoop 就被独立称为一个 Apache 项目。

14. Kafka

Kafka 是一种高吞吐量的、分布式的发布订阅消息系统,可以处理消费者在网站中的所有动作流数据。Kafka 最初由 LinkedIn 公司开发,于 2010 年贡献给 Apache 基金会,并于 2012 年成为 Apache 顶级开源项目。它采用 Scala 和 Java 语言编写,是一个分布式、支持分区的、多副本的、基于 ZooKeeper 协调的分布式消息系统,它适合应用于以下两大类别场景:构造实时流数据管道,在系统或应用之间可靠地获取数据;构建实时流式应用程序,并对这些流数据进行转换。

15. Ambari

Apache Ambari 是一个基于 Web 的工具,支持 Apache Hadoop 集群的安装、部署、配置和管理,目前已支持大多数 Hadoop 组件,包括 HDFS、MapReduce、Hive、Pig、HBase、ZooKeeper、Oozie、Sqoop 等。Ambari 由 Hortonworks 主导开发,具有 Hadoop 集群自动化安装、中心化管理、集群监控、报警等功能,使得安装集群能从几天缩短到几小时,运维人员也从数十人降低到几人,极大地提高了集群管理的效率。

4.7.5 Hadoop 的体系架构

Hadoop 集群采用主从架构(Master/Slave),NameNode(名称节点)与 ResourceManager(资源管理器)为 Master,DataNode(数据节点)与 NodeManager(节点管理器)为 Slave,守护进程 NameNode 和 DataNode 负责完成 HDFS 的工作,守护进程 ResourceManager 和 NodeManager 则负责完成 YARN 的工作。Hadoop 集群架构图如图 4-15 所示。

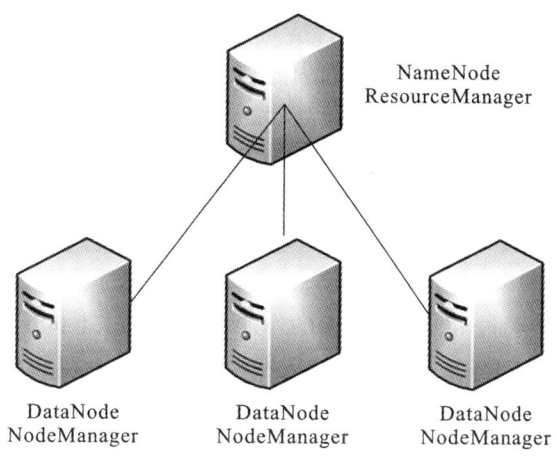

图 4-15　Hadoop 集群架构

4.7.6　Hadoop 的应用

目前，Hadoop 已经在业内得到了广泛应用。

1. Hadoop 在雅虎

2007 年，雅虎在 Sunnyvale 总部建立了 M45——一个包含 4 000 个处理器和 1.5 PB 容量的 Hadoop 集群。此后，卡耐基梅隆大学、加州大学伯克利分校、康奈尔大学、马萨诸塞大学阿默斯特分校、斯坦福大学、华盛顿大学、密歇根大学、普渡大学等 12 所大学加入了该集群系统的研究，推动了开放平台下开放源码的发布。目前，雅虎拥有全球最大的 Hadoop 集群，大约 25 000 个节点，主要用于支持广告系统和网页搜索。

2. Hadoop 在沃尔玛

全球最大的连锁超市沃尔玛虽然在多年前就投入了在线电子商务，但在线销售的营业收入远远落后于亚马逊。后来，沃尔玛采用 Hadoop 来分析顾客搜索商品的行为以及用户通过搜索引擎找到沃尔玛网站的关键词，再利用这些关键词的分析结果挖掘顾客需求，以规划下一季商品的促销策略。沃尔玛还分析顾客在社交网站上对商品的讨论，期望能比竞争对手提前一步发现顾客需求。

3. Hadoop 在 eBay

eBay 是全球最大的拍卖网站，8 000 万用户每天产生 50 TB 数据量，仅存储这些数据就是一大挑战，何况还要分析这些数据。eBay 表示，大数据分析面临的最大挑战就是要同时处理结构化和非结构化的数据，Hadoop 正好可以解决这一难题。eBay 使用 Hadoop 拆解非结构性的巨量数据，降低数据仓库的负载，并分析买卖双方在网站上的行为。

4. Hadoop 在国内

Hadoop 在国内的使用者主要以互联网公司、移动通信公司为主，如百度、阿里巴巴、腾讯、华为、中国移动等。

作为全球最大的中文搜索引擎公司,百度对海量数据的存储和处理要求是比较高的,要在线下对数据进行分析,还要在规定的时间内处理完并反馈到平台上。因此,百度于2006年开始调研和使用 Hadoop,主要用于日志的存储和统计、网页数据的分析和挖掘、商业分析、在线数据反馈、用户网页聚类等。目前,百度拥有7个集群,单集群超过2 800个机器节点;Hadoop 机器总数超过15 000台机器,总的存储容量超过100 PB,已经使用的超过74 PB,每天提交的作业数据超过6 600个;每天的输入数据量已经超过7 500 TB,输出超过1 700 TB。

阿里巴巴的 Hadoop 集群大约有3 200台服务器,物理 CPU 大约为30 000个核心,总内存为100 TB,总存储容量超过60 PB;每天的作业数目超过150 000个,Hive 查询大于6 000个,每天扫描数据量约为7.5 PB,每天扫描文件数约为4亿;存储利用率大概为80%,CPU 利用率平均为65%,峰值可以达到80%;Hadoop 集群拥有150个用户组,4 500个集群用户,为淘宝、聚划算、支付宝等提供底层的基础计算和存储服务。

腾讯也是使用 Hadoop 最早的中国互联网公司之一。腾讯的 Hadoop 集群机器总量超过5 000台,最大单集群约为2 000个节点,并利用 Apache Hive 构建了自己的数据仓库系统 TDW,同时还开发了自己的 TDW-IDE 基础开发环境。腾讯的 Hadoop 主要用于为腾讯各个产品线提供基础云计算和云存储服务。

华为既是 Hadoop 的使用者,也是 Hadoop 技术的重要贡献者。Hortonworks 公司曾发布一份报告,用于说明各公司对 Hadoop 发展的贡献,其中华为也在其内,并排在谷歌和思科前面。华为在 Hadoop 的 HA 方案以及 HBase 领域有深入研究,并已经向业界推出了基于 Hadoop 的大数据解决方案。

中国移动于2010年5月正式推出大云 BigCloud 1.0,集群节点达到了1 024个。中国移动的大云基于 Hadoop MapReduce 实现了分布式计算,基于 HDFS 实现了分布式存储,开发了基于 Hadoop 的数据仓库系统 HugeTable、并行数据挖掘工具集 BC-PDM、并行数据抽取转化 BC-ETL 以及对象存储系统 BC-ONestd 等系统,并开源了自己的 BC-Hadoop 版本。中国移动主要在电信领域应用 Hadoop。

4.8 分布式文件系统 HDFS

分布式文件系统 HDFS 开源实现了 GFS 的基本思想。HDFS 原来是 Apache Nutch 搜索引擎的一部分,后来独立出来作为一个 Apache 子项目,并和 MapReduce 一起成为 Hadoop 的核心组成部分。HDFS 支持流数据读取和处理超大规模文件,并能够运行在由廉价的普通机器组成的集群上,这主要得益于 HDFS 在设计之初就充分考虑了实际应用环境的特点,那就是在普通服务器集群中硬件故障是一种常态,而不是异常。因此,HDFS 在设计上采取了多种机制保证在硬件故障的环境中实现数据的完整性。

本节介绍 HDFS 的设计目标和体系结构。

4.8.1 HDFS 的设计目标

总体而言,HDFS 要实现以下目标。

(1)兼容廉价的硬件设计。在成百上千台廉价服务器中存储数据,常会出现节点失效的情况，因此 HDFS 设计了快速检测硬件故障和进行自动恢复的机制，可以实现持续监视、错误检查、容错处理和自动恢复，从而在硬件出错的情况下也能实现数据的完整性。

（2）流数据读写。普通文件系统主要用于随机读写以及与用户进行交互，而 HDFS 是为了满足批量数据处理的要求而设计的，因此为了提高数据吞吐率，HDFS 放松了一些 POSIX 的要求，从而能够以流式方式来访问文件系统数据。

（3）大数据集。HDFS 中的文件通常可以达到 GB 甚至 TB 级别，可提供高聚合数据带宽并且要扩展到集群中的数百个节点上，并对单个应用可支持上千万个文件。

（4）简单的文件模型。HDFS 采用了"一次写入、多次读取"的简单文件模型，文件一旦完成写入，关闭后就无法再次写入，只能被读取。

（5）强大的跨平台兼容性。HDFS 是采用 Java 实现的，具有很好的跨平台兼容性，支持 JVM 的机器都可以运行 HDFS。

HDFS 特殊的设计，在实现上述优良特性的同时，也使得自身具有一些应用局限性，主要包括以下几个方面。

（1）不适合访问低延迟数据。HDFS 主要是面向大规模数据批量处理而设计的，采用流式数据读取，具有很高的数据吞吐率，但是，这也意味着较高的延迟。因此，HDFS 不适合用在需要低延迟（如数十毫秒）的应用场合。对于具有低延迟要求的应用程序而言，HBase 是一个更好的选择。

（2）无法高效存储大量小文件。小文件是指文件大小小于一个块的文件。HDFS 无法高效存储和处理大量小文件，过多小文件会给系统扩展性和性能带来诸多问题。首先，HDFS 采用名称节点来管理文件系统的元数据，这些元数据被保存在内存中，从而使客户端可以快速获取文件实际存储位置。通常，每个文件、目录和块大约占 150 B，如果有 1 000 万个文件，每个文件对应一个块，那么名称节点至少要消耗 3 GB 的内存来保存这些元数据信息。很显然，这时元数据检索的效率就比较低了，需要花费较多的时间找到一个文件的实际存储位置。而且，如果继续扩展到数十亿个文件，名称节点保存元数据所需要的内存空间就会大大增加，以现有的硬件水平，是无法在内存中保存如此大量的元数据的。其次，用 MapReduce 处理大量小文件时，会产生过多的 Map 任务，线程管理开销会大大增加，因此处理大量小文件的速度远远低于处理同等规模的大文件的速度。最后，访问大量小文件的速度远远低于访问几个大文件的速度，因为访问大量小文件，需要不断从一个数据节点跳到另一个数据节点，这会严重影响性能。

（3）不支持多用户写入及任意修改文件。HDFS 只允许一个文件有一个写入者，不允许多个用户对同一个文件执行写操作，而且只允许对文件执行追加操作，不能执行随机写操作。

4.8.2　HDFS 体系结构

HDFS 采用了主从（Master/Slave）结构模型，一个 HDFS 集群包括一个名称节点和若干个数据节点，如图 4-16 所示。名称节点作为中心服务器，负责管理文件系统的命名空间及客户端对文件的访问。集群中的数据节点一般是一个节点运行一个数据节点进程，负责处理文件系统客户端的读/写请求，在名称节点的统一调度下进行数据块的创建、删除和复制等操作。每个数据节点的数据实际上是保存在本地 Linux 文件系统中的。每个数据节点会周期性地向名称节点发送"心跳"信息，报告自己的状态，没有按时发送心跳信息的数据节点会被标记为"宕机"，不会再给它分配任何 I/O 请求。

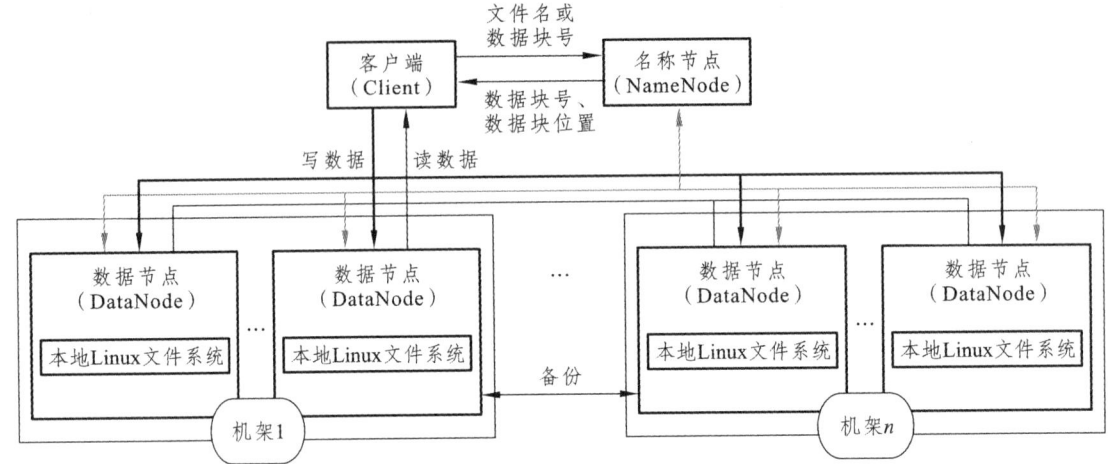

图 4-16　HDFS 的体系结构

用户在使用 HDFS 时，仍然可以像在普通文件系统中那样，使用文件名去存储和访问文件。实际上，在系统内部，一个文件会被切分成若干个数据块，这些数据块被分布存储到若干个数据节点上。当客户端需要访问一个文件时，首先把文件名发送给名称节点，名称节点根据文件名找到对应的数据块（一个文件可能包括多个数据块），再根据每个数据块信息找到实际存储各个数据块的数据节点的位置，并把数据节点位置发送给客户端，最后客户端直接访问这些数据节点获取数据。在整个访问过程中，名称节点并不参与数据的传输。这种设计方式，使得一个文件的数据能够在不同的数据节点上实现并发访问，大大提高数据访问速度。

4.9　NoSQL 数据库

NoSQL 数据库具有一种不同于关系数据库的数据库管理系统设计方式，是对非关系数据库的统称，它所采用的数据模型并非传统关系数据库的关系模型，而是类似键值、列族、文档等非关系模型。NoSQL 数据库没有固定的表结构，通常也不存在连接操作，也没有严格遵守 ACID 约束，因此，与关系数据库相比，NoSQL 具有灵活的水平可扩展性，可以支持海量数据存储。此外，NoSQL 数据库支持 MapReduce 风格的编程，可以较好地应用于大数据时代的各种数据管理。NoSQL 数据的出现，一方面弥补了关系数据库在当前商业应用中存在的各种缺陷，另一方面也撼动了关系数据库的传统垄断地位。

典型的 NoSQL 数据库通常包括键值数据库、列族数据库、文档数据库和图数据库，如图 4-17 所示。近些年，NoSQL 数据库发展势头非常迅猛。在四五年时间内，NoSQL 领域就爆炸性地产生了 50~150 个新的数据库。一项网络调查显示，行业中最需要开发者掌握的"技能"前十名依次是 HTML5、MongoDB、iOS、Android、Mobile Apps、Puppet、Hadoop、jQuery、PaaS 和 Social Media。可以看出，MongoDB（一种文档数据库，属于 NoSQL）的热度甚至高于 iOS，足以看出 NoSQL 的受欢迎程度。

第 4 章 数据存储与管理技术

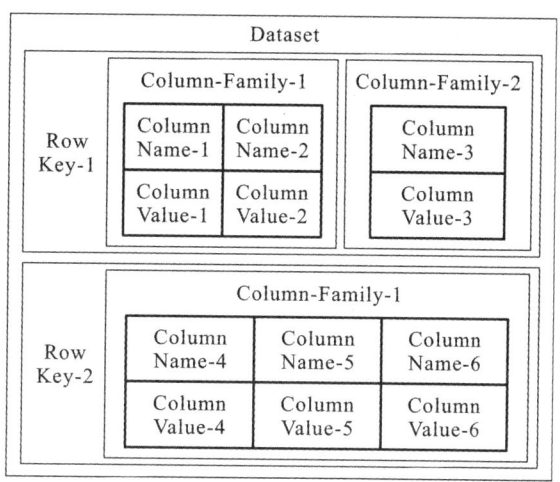

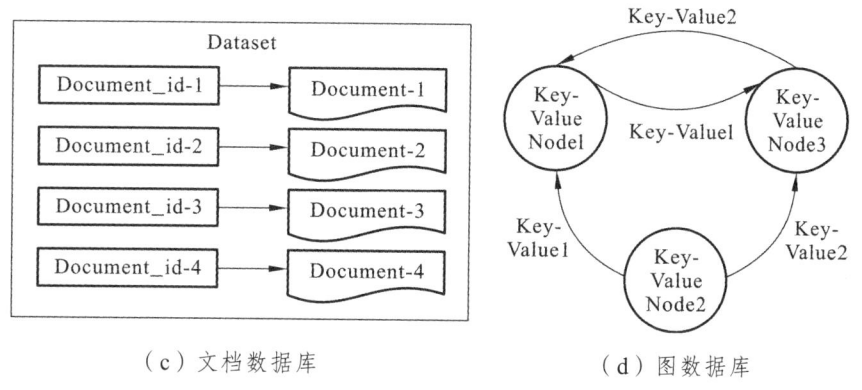

（a）键值数据库　　　　　　　　（b）列族数据库

（c）文档数据库　　　　　　　　（d）图数据库

图 4-17　NoSQL 数据库的几种类型

当应用场合需要简单的数据模型、灵活性的 IT 系统、较高的数据库性能和较低的数据库一致性时，NoSQL 数据库是一个很好的选择。通常 NoSQL 数据库具有以下几个特点。

（1）灵活的可扩展性。传统的关系数据库由于自身设计的局限性，通常很难实现横向扩展。当数据库负载大规模增加时，往往需要通过升级硬件来实现纵向扩展。但是，当前的计算机硬件制造工艺已经达到一个限度，性能提升的速度开始趋缓，已经远远赶不上数据库系统负载的增加速度，而且，配置高端的高性能服务器价格不菲，因此，寄希望于通过纵向扩展满足实际业务需求，已经变得越来越不现实。相反，横向扩展仅需要使用非常普通且廉价的标准化刀片服务器，它不仅具有较高的性价比，也提供了理论上近乎无限的扩展空间。NoSQL 数据库在设计之初就是为了满足横向扩展的需求，因此，天生具备良好的横向扩展能力。

（2）灵活的数据模型。关系数据模型是关系数据库的基石，其以完备的关系代数理论为基础，具有规范的定义，遵守各种严格的约束条件。关系数据模型虽然保证了业务系统对数据一致性的需求，但是，过于死板的数据模型意味着无法满足各种新兴的业务需求。相反，NoSQL 数据库天生就旨在摆脱关系数据库的各种束缚条件，摒弃了流行多年的关系数据模型，转而采用键值、列族等非关系数据模型，允许在一个数据元素里存储不同类型的数据。

（3）与云计算紧密融合。云计算具有很好的横向扩展能力，可以根据资源使用情况进行自由伸缩，各种资源可以动态加入或退出。NoSQL 数据库可以凭借自身良好的横向扩展能力，充分利用云计算基础设施，很好地将数据库融入云计算环境，构建基于 NoSQL 的云数据库服务。

4.9.1 键值数据库

键值数据库（Key-Value Database）会使用一张哈希表，这张表中有一个特定的 Key 和一个指针，指向特定的 Value。Key 可以用来定位 Value，即存储和检索具体的 Value。Value 对数据库而言是透明不可见的，不能对 Value 进行索引和查询，只能通过 Key 进行查询。Value 可以用来存储任意类型的数据，包括整型、字符型等。在存在大量写操作的情况下，键值数据库可以比关系数据库取得更好的性能。因为关系数据库需要建立索引来加速查询，当存在大量写操作时，索引会频繁更新，由此会产生高昂的索引维护代价。关系数据库通常很难横向扩展，但是键值数据库天生具有良好的伸缩性，理论上几乎可以实现数据量的无限扩容。键值数据库可以进一步划分为内存键值数据库和持久化（Persistent）键值数据库。内存键值数据库把数据保存在内存中，如 Memcached 和 Redis；持久化键值数据库把数据保存在磁盘中，如 BerkeleyDB、Voldmor 和 Riak。

当然，键值数据库也有自身的局限性，条件查询就是键值数据库的弱项。因此如果只对部分值进行查询或更新，效率就会比较低下。在使用键值数据库时，应该尽量避免多表关联查询，可以采用双向冗余存储关系来代替表关联，把操作变成单表操作。此外，键值数据库在发生故障时不支持回滚操作，因此无法支持事务。

Redis 是一款具有代表性的键值数据库产品，可以对关系数据库起到很好的补充作用，目前正在被越来越多的互联网公司采用。Redis 提供了 Java、C/C++、C#、PHP、JavaScript、Perl、Object-C、Python、Ruby、Erlang 客户端，使用很方便。Redis 支持存储的值（Value）类型包括 string（字符串）、list（链表）、set（集合）和 zset（有序集合）。这些数据类型都支持压栈、弹栈、增加、移除以及取交集、并集和差集等丰富的操作，而且这些操作都是原子性的。在此基础上，Redis 支持各种不同方式的排序。为保证效率，Redis 中的数据都是缓存在内存中的，它会周期性地把更新的数据写入磁盘，或者把修改操作写入追加的记录文件。

4.9.2 列族数据库

列族数据库一般采用列族数据模型，数据库由多个行构成，每行数据包含多个列族，不同的行可以具有不同数量的列族，属于同一列族的数据会被存放在一起。每行数据通过行键进行定位，与这个行键对应的是一个列族。从这个角度来说，列族数据库也可以被视为一个键值数据库。列族可以被配置成支持不同类型的访问模式，一个列族也可以被设置为放入内存，以消耗内存为代价来换取更好的响应性能。

HBase 就是一款具有代表性的列族数据库产品。HBase 具有高可扩展性，可以支持超大规模数据存储，它可以通过横向扩展的方式，利用廉价计算机集群处理由超过 10 亿行数据和数百万列元素组成的数据表。

4.9.3 文档数据库

在文档数据库中,文档是数据库的最小单位。虽然每一种文档数据库的部署有所不同,但是大多文档以某种标准化格式封装并对数据进行加密,同时用多种格式进行编码,包括 XML、YAML、JSON 和 BSON(格式举例说明)等,或者也可以使用二进制格式进行解码(如 PDF、微软 Office 文档等)。文档数据库通过键来定位一个文档,因此可以看成键值数据库的一个衍生品,而且比键值数据库具有更高的查询效率。对于那些可以把输入数据表示成文档的应用而言,文档数据库是非常合适的。一个文档可以包含非常复杂的数据结构,如嵌套对象,并且不需要采用特定的数据模式,每个文档可能具有完全不同的结构。文档数据库既可以根据键(Key)来构建索引,也可以基于文档内容来构建索引。基于文档内容的索引和查询能力,是文档数据库不同于键值数据库的地方。因为在键值数据库中,值(Value)对数据库是透明不可见的,所以不能根据值来构建索引。文档数据库主要用于存储并检索文档数据,当文档数据库需要考虑很多关系和标准化约束以及需要事务支持时,传统的关系数据库是更好的选择。

MongoDB 是一款具有代表性的文档数据库产品,它是一个基于分布式文件存储的文档数据库,介于关系数据库和非关系数据库之间,是非关系数据库当中功能最丰富、最像关系数据库的一种 NoSQL 数据库。MongoDB 支持的数据结构非常松散,为类似 JSON 的 BSON 格式,因此可以存储比较复杂的数据类型。MongoDB 最大的特点是支持的查询语言非常强大,语法有点类似于面向对象的查询语言,几乎可以实现类似关系数据库单表查询的绝大部分功能,而且支持对数据建立索引。

4.9.4 图数据库

图数据库以图论为基础,一个图是一个数学概念,用来表示一个对象集合,包括顶点以及连接顶点的边。图数据库使用图作为数据模型来存储数据,完全不同于键值、列族和文档数据模型,可以高效地存储不同顶点之间的关系。图数据库专门用于处理具有高度相互关联关系的数据,可以高效地处理实体之间的关系,比较合适于社交网络、模式识别、依赖分析、推荐系统以及路径寻找等问题。有些图数据库(如 Neo4J),完全兼容事务的 ACID 特性(原子性、一致性、隔离性、持久性)。但是,图数据库除了在处理图和关系这些应用领域具有很好的性能以外,在其他领域,其性能不如其他 NoSQL 数据库。

Neo4j 是一个具有代表性的图数据库产品。它是一个嵌入式的、基于磁盘的、支持完整事务的 Java 持久化引擎,在图(网络)中而不是表中存储数据。Neo4j 具有了大规模可扩展性,在一台机器上可以处理数十亿节点/关系/属性的图,可以扩展到多台机器以并行运行。相对于关系数据库来说,图数据库善于处理大量复杂、互连接、低结构化的数据,这些数据变化迅速,需要被频繁地查询。在关系数据库中,这些查询会导致大量的表连接,因此会产生性能上的问题。Neo4j 重点解决了传统关系数据库在处理涉及大量连接操作的查询时出现的性能衰退问题。通过围绕图进行数据建模,Neo4j 会以相同的速度遍历节点与边,其遍历速度与构成图的数据量没有任何关系。此外,Neo4j 还提供了非常快的图算法、推荐系统和 OLAP 风格的分析,而这一切在目前的关系数据库系统中都是无法实现的。

4.10 分布式数据库 HBase

HBase 是 Google Bigtable 的开源实现。本节首先对 Bigtable 做简要介绍,然后介绍 HBase,最后给出 HBase 的数据模型和系统架构。

4.10.1 从 Bigtable 说起

Bigtable 是一个分布式存储系统,利用谷歌提出的 MapReduce 分布式并行计算模型来处理海量数据,使用谷歌分布式文件系统 GFS 作为底层数据存储系统,并采用 Chubby 提供协同服务管理,可以扩展到 PB 级别的数据和上千台机器,具备广泛应用性、可扩展性、高性能和高可用性等特点。从 2005 年 4 月开始,Bigtable 已经在谷歌的实际生产系统中使用,谷歌的许多项目都存储在 Bigtable 中,包括搜索、地图、财经、打印、社交网站、视频共享网站和博客网站等。这些应用无论在数据量方面(从 URL 到网页到卫星图像),还是在延迟需求方面(从后段批量处理到实时数据服务),都对 Bigtable 提出了与传统存储系统截然不同到需求。尽管这些应用的需求不大相同,但是 Bigtable 依然能够为所有谷歌产品提供灵活的、高效能的解决方案。当用户的资源需求随着时间变化时,只需要简单地往系统中添加机器,就可以实现服务器集群的扩展。

总的来说,Bigtable 具备以下特性:支持大规模海量数据,分布式并发数据处理效率极高,易于扩展且支持动态伸缩,适用于廉价设备,适合读操作不适合写操作。

4.10.2 HBase 简介

HBase 是一个高可靠、高性能、面向列、可伸缩的分布式数据库,是谷歌 Bigteble 的开源实现,主要用来存储非结构化和半结构化的数据。HBase 的目标是处理非常庞大的表,可以通过横向扩展的方式,利用廉价计算机集群处理由超过 10 亿行数据和数百万列元素组成的数据表。

图 4-18 描述了 Hadoop 生态系统中 HBase 与其他部分的关系。HBase 利用 Hadoop MapReduce 来处理 HBase 中的海量数据,实现高性能计算;利用 ZooKeeper 作为协同服务,实现稳定服务和失败恢复;使用 HDFS 作为高可靠的底层数据存储系统,利用廉价集群提供海量数据存储能力。当然,HBase 也可以直接使用本地文件系统而不用 HDFS 作为底层数据存储系统,不过,为了提高数据可靠性和系统的健壮性,发挥 HBase 处理大数据量等功能,一般都使用 HDFS 作为 HBase 的底层数据存储系统。此外,为了方便在 HBase 上进行数据处理,Sqoop 为 HBase 提供了高效、便捷的关系数据库管理系统数据导入功能,Pig 和 Hive 为 HBase 提供了高层语言支持。

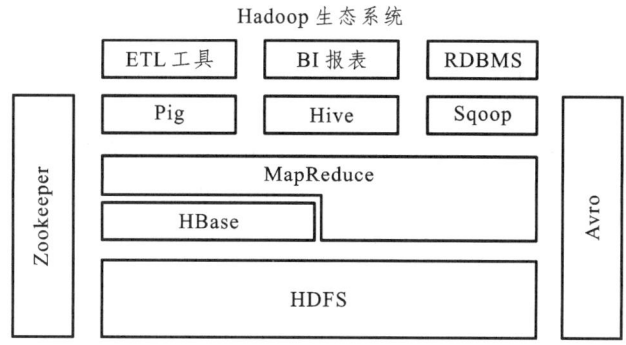

图 4-18　Hadoop 生态系统中 HBase 与其他部分的关系

4.10.3　HBase 数据模型

HBase 实际上就是一个稀疏、多维、持久化存储的映射表，它采用行键（Row Key）、列族（Column Family）、列限定符（Column Qualifier）和时间戳（Timestamp）进行索引，每个值都是未经解释的字节数组 byte[]。下面具体介绍 HBase 数据模型的相关概念。

（1）表。HBase 采用表来组织数据，表由行和列组成，列划分为若干个列族。

（2）行键。每个 HBase 表都由若干个行组成，每个行由行键来标识。访问表中的行只有 3 种方式：通过单个行键访问、通过一个行键的区间来访问、全表扫描。行键可以是任意字符串（最大长度是 64 KB，实际应用中长度一般为 10～100 B），在 HBase 内部，行键保存为字节数组。存储时，数据按照行键的字典序存储。在设计行键时，要充分考虑这个特性，将经常一起读取的行存储在一起。

（3）列族。一个 HBase 表被分组成许多"列族"的集合，它是基本的访问控制单元。列族需要在表创建时就定义好，数量不能太多（HBase 的一些缺陷使得列族的数量只限于几十个），而且不能被频繁修改。存储在一个列族当中的所有数据，通常都属于同一种数据类型，这意味着具有更高的压缩率。表中的每个列都归属于某个列族，数据可以被存放到列族的某个列下面，但是在把数据存放到这个列族的某个列下面之前，必须首先创建这个列族，在创建完列族以后，就可以使用同一个列族当中的列。列名都以列族作为前缀。例如，courses：history 和 courses：math 这两个列都属于 courses 这个列族。在 HBase 中，访问控制、磁盘和内存的使用统计都是在列族层面进行的。实际应用中，我们可以借助列族上的控制权限帮助实现特定的目的。比如，我们可以允许一些应用能够向表中添加新的数据，而另一些应用只允许浏览数据。HBase 列族还可以被配置成支持不同类型的访问模式。比如，一个列族也可以被设置成放入内存，以消耗内存为代价，换取更好的响应性能。

（4）列限定符。列族里的数据通过列限定符（或列）来定位。列限定符不用事先定义，也不需要在不同行之间保持一致。列限定符没有数据类型，总被视为字节数组 byte[]。

（5）单元格。在 HBase 表中，通过行键、列族和列限定符确定一个"单元格"（Cell）。单元格中存储的数据没有数据类型，总被视为字节数组 byte[]。每个单元格中可以保存一个数据的多个版本，每个版本对应一个不同的时间戳。HBase 是以单元格为单位来写入和读取数据的，这一点和关系数据库有很大的区别。在关系数据库中，数据以行为单位，一行一行写入，一行一行读取。而在 HBase 数据库中，数据是一个单元格一个单元格地写入，也是一个单元格一个单元格地读取。

（6）时间戳。每个单元格都保存着同一份数据的多个版本，这些版本采用时间戳进行索引。每次对一个单元格执行操作（新建、修改、删除）时，HBase 都会隐式地自动生成并存储一个时间戳。时间戳一般是 64 位整型数据，可以由用户自己赋值，也可以由 HBase 在数据写入时自动赋值。一个单元格的不同版本根据时间戳降序存储，这样，最新的版本可以被最先读取。

下面以一个实例来阐释 HBase 的数据模型。图 4-19 所示是一张用来存储学生信息的 HBase 表，学号作为行键来唯一标识每一个学生，表中设计列族 Info 来保存学生相关信息，列族 Info 中包含 3 个列：name、major 和 email，分别用来保存学生的姓名、专业和电子邮件信息。学号为 "201505003" 的学生存在两个版本的电子邮件地址，时间戳分别为 ts1=1174184619081 和 ts2=1174184620720，时间戳较大的版本的数据是最新的数据。再来看一下 HBase 表和关系数据库在读写数据方面的差别。在关系数据库中，数据是逐行写入的，比如，先写入第一行数据（"201505001"，"Luo Min"，"Math"，"luo@qq.com"），再写入第二行数据，依此类推。而在 HBase 的数据库中，数据是逐个单元格写入的，比如，对于行键 "201505001" 而言，先写入第 1 个单元格的值 "Luo Min"，再写入第 2 个单元格的值 "Math"，然后写入第 3 个单元格的值 "luo@qq.com"。在读取数据时，也是类似的。

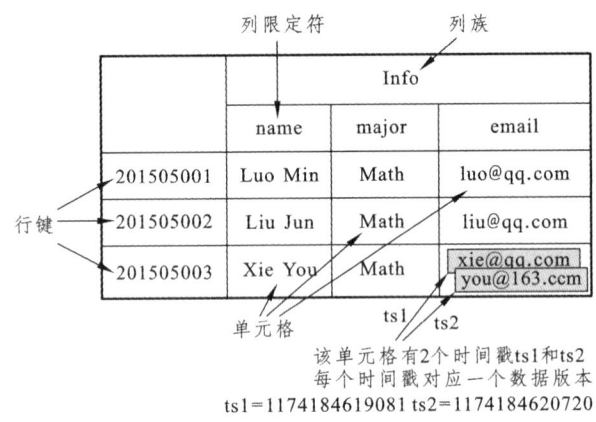

图 4-19　一张用来存储学生信息的 HBase 表

4.10.4　HBase 系统架构

HBase 的系统架构如图 4-20 所示，包括客户端、ZooKeeper 服务器、Master 主服务器、Region 服务器。需要说明的是，HBase 一般采用 HDFS 作为底层数据存储系统，因此图 4-20 中加入了 HDFS 和 Hadoop。

在一个 HBase 中，存储了许多表。对于 HBase 表而言，表中的行是根据行键的值的字典序号进行维护的，表中包含的行的数量可能非常庞大，无法存储在一台机器上，需要分布存储到多台机器上。因此，需要根据行键的值对表中的行进行区分，每个行区间构成一个分区，被称为 "Region"，包含了位于某个值域的所有数据，它是负载均衡和数据分发的基本单位，这些 Region 会被分发到不同的 Region 服务器上。

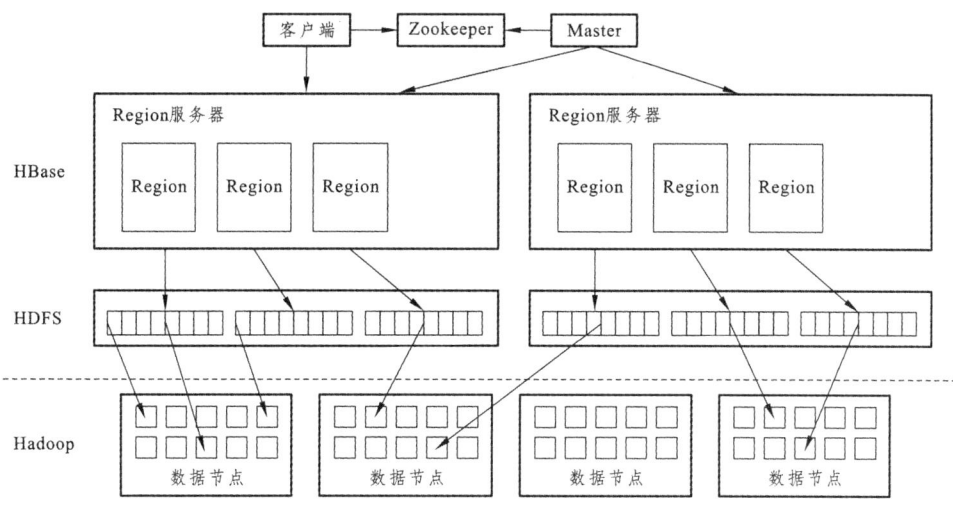

图 4-20　HBase 的系统架构

客户端包含访问 HBase 的接口，同时在缓存中维护着已经访问过的 Region 位置信息，用来加快后续数据访问过程。HBase 客户端使用 HBase 的 RPC（Remote Process Call，远程调用协议）机制与 Master 和 Region 服务器进行通信。其中，对于管理类操作，客户端与 Master 进行通信；而对于数据读写类操作，客户端会与 Region 服务器进行通信。

在 HBasc 服务器集群中，包含了一个 Master 和多个 Region 服务器。Master 主要负责表和 Region 的管理工作，Region 服务器负责维护分配给自己的 Region，并响应用户的读写请求。Master 就是这个 HBasc 集群的"总管"，它必须知道 Region 服务器的状态。ZooKeeper 就可以轻松做到这一点，每个 Region 服务器都需要到 ZooKeeper 中进行注册，ZooKeeper 会实时监控每个 Region 服务器的状态并通知 Master，这样，Master 就可以通过 ZooKeeper 随时感知到各个 Region 服务器的工作状态。

4.11　云数据库

本节介绍云数据库的概念和特性、云数据库与其他数据库的关系，以及具有代表性的云数据库产品。

4.11.1　云数据库的概念

云数据库是部署在云计算环境中的虚拟化数据库。云数据库是在云计算的大背景下发展起来的一种新兴的共享基础架构的数据库，它极大地增强了数据库的存储能力，避免了人员、硬件、软件的重复配置，让软、硬件升级变得更加容易，同时虚拟化了许多后端功能。云数据库具有高可扩展性、高可用性、多组形式和支持资源有效分发等特点。

在云数据库中，所有数据库功能都是在"云端"提供的，客户端可以通过网络远程使用云数据库提供的服务，如图 4-21 所示。客户端不需要了解云数据库的底层细节，所有的底层硬件都已经被虚拟化，对客户端而言是透明的。客户端就像在使用一个运行在单一服务器上的数据库一样，非常方便、容易，同时可以获得理论上近乎无限的存储和处理能力。

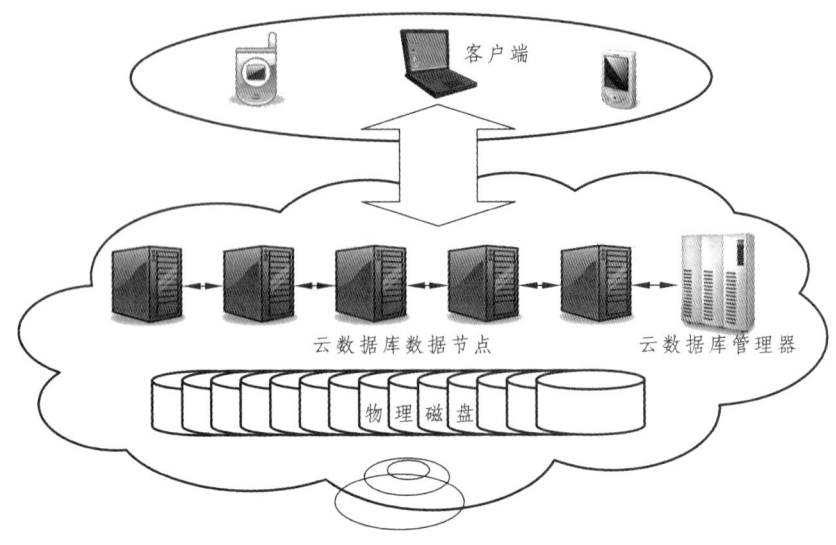

图 4-21 云数据库示意图

需要指出的是,有人认为数据库属于应用基础设施(即中间件),因此把云数据库列入 PaaS 的范畴,也有人认为数据库本身也是一种应用软件,因此把云数据库划入 SaaS。但这并不是最重要的,实际上,云计算 IaaS、PaaS 和 SaaS 这 3 个层次之间的界限有些时候也不是非常清晰。对于云数据库而言,最重要的是它允许用户以服务的方式通过网络获得云端的数据。

4.11.2　云数据库的特性

云数据库具有以下特性。

(1)动态可扩展。理论上,云数据库具有无限可扩展性,可以满足不断增加的数据存储需求。在面对不断变化的条件时,云数据库可以表现出很好的弹性。例如,对于一个从事产品零售的电子商务公司,会存在季节性或突发性的产品需求变化,可能会经历一个指数级的用户增长阶段。这时,云数据库就可以分配额外的数据库存储资源来处理增加的需求,这个过程只需要几分钟。一旦需求过去以后,它们就可以立即释放这些资源。

(2)高可用性。云数据库不存在单点失效问题。如果一个节点失效了,剩余的节点就会接管未完成的事务。而且,在云数据库中,数据通常是冗余存储的,在地理上也是分散的。诸如阿里巴巴、Amazon 和 IBM 等大型云计算供应商,具有分布在世界范围内的数据中心,通过在不同地理区间内进行数据复制,可以提供高水平的容错能力。例如,Amazon SimpleDB 会在不同的区域内进行数据复制,这样,即使某个区域内的云设施失效,也可以保证数据继续可用。

(3)较低的使用代价。云数据库厂商通常采用多租户(Multi-tenancy)的形式,同时为多个用户提供服务,这种共享资源的形式对于用户而言可以节省开销,而且用户采用"按需付费"的方式使用云计算环境中的各种软、硬件资源,不会产生不必要的资源浪费。另外,云数据库底层存储通常采用大量廉价的商业服务器,这大大降低了开销。2021 年腾讯云数据库公布的资料显示,当实现类似的数据库性能时,如果采用自己投资自建 MySQL 的方式,则成本为每台服务器每天 50.6 元,实现双机容灾需要 2 台服务器,即成本为 101.2 元,平均存储成本是每千兆字节每天 0.25 元，平均 1 元可获得的每秒查询率（Query Per Second，QPS）为 24 次/秒；而如果采用腾讯云数据库产品，企业不需要投入任何初期建设成本，成本仅为 72 元/天，平均存储成本为每千兆字节每天 0.18 元，平均 1 元可获得的 QPS 为 83 次/秒，相对于自建，云数据库平均 1 元获得的 QPS 提高为原来的 346%，具有极高的性价比。

（4）易用性。使用云数据库的用户不必控制运行原始数据库的机器，也不必了解它身在何处。用户只需要一个有效的连接字符串（URL）就可以开始使用云数据库，而且就像使用本地数据库一样。许多基于 MySQL 的云数据库产品，完全兼容 MySQL 协议，用户可通过基于 MySQL 协议的客户端或者 API 访问实例。用户可无缝地将原有 MySQL 应用迁移到云存储平台，无须进行任何代码改造。

（5）高性能。云数据库采用大型分布式存储服务集群，支持海量数据访问，多机房自动冗余备份，自动读写分离。

（6）免维护。用户不需要关注后端机器及数据库的稳定性、网络问题、机房灾难、单库压力等各种风险，云数据库服务商提供"7×24 h"的专业服务，扩容和迁移对用户透明且不影响服务，并且可以提供全方位、全天候立体式监控，用户无须处理数据库故障。

（7）安全。云数据库提供数据隔离，不同应用的数据会存在于不同的数据库中而不会相互影响；提供安全性检查，可以及时发现并拒绝恶意攻击性访问；提供数据多点备份，确保不会发生数据丢失。

4.11.3 云数据库与其他数据库的关系

从数据模型的角度来说，云数据库并非一种全新的数据库技术，而是以服务的方式提供数据库功能的技术。云数据库并没有专属于自己的数据模型，云数据库所采用的数据模型可以是关系数据库所使用的关系模型（如微软的 AQL Azure 云数据库、阿里云 RDS 都采用了关系模型），也可以是 NoSQL 数据库所使用的非关系模型（如 Amazon Dynamo 等云数据库采用的是"键值"存储）。同一个公司也可能提供采用不同数据模型的多种云数据库服务，例如百度云数据库提供了 3 种数据库服务，即分布式关系数据库服务（基于关系数据库 MySQL）、分布式非关系数据库服务（基于文档数据库 MongoDB）、键值型非关系数据库服务（基于键值数据库 Redis）。实际上，许多公司在开发云数据库时，都是直接使用现有的各种关系数据库或 NoSQL 数据库产品作为后端数据库。比如，腾讯云数据库采用 MySQL 作为后端数据库，微软的 SQL Azure 云数据库采用 SQL Server 作为后端数据库。从市场的整体应用情况来看，由于 NoSQL 应用对开发者要求较高，而 MySQL 拥有成熟的中间件、运维工具，已经形成一个良性的生态系统等特性，因此从现阶段来看，云数据库的后端数据库以 MySQL 为主、NoSQL 为辅。

在云数据库这种 IT 服务模式出现之前，企业要使用数据库，就需要自建关系数据库或 NoSQL 数据库，它们被称为"自建数据库"。相比"自建数据库"，云数据库是部署在云端的数据库，采用 SaaS 模式，用户可以通过网络租赁使用数据库服务，在有网络的地方都可以使用，不需要前期投入和后期维护，使用价格比较低廉。另外，云数据库对用户而言是完全透明的，用户根本不知道自己的数据被保存在哪里。而且云数据库通常采用多租户模式，即多个租户共用一个实例，租户的数据既有隔离又有共享，从而解决了数据存储的问题，同时降低了用户使用数据库的成本。自建的关系数据库和 NoSQL 数据库本身都没有采用 SaaS 模式，需要用户自己搭建 IT 基础设施和配置数据库，成本相对而言比较昂贵，而且需要自己进行机房维护和数据库故障处理。

4.11.4 代表性云数据库产品

云数据库供应商主要分为三类。
（1）传统的数据库厂商，如 Oracle、IBM DB2 和 Microsoft SQL Server 等。
（2）涉足数据库市场的云数据库厂商，如 Amazon、Google、Yahoo!、阿里、百度、腾讯等。
（3）新兴厂商，如 EnterpriseDB。

市场上常见的云数据库产品如表 4-2 所示。

表 4-2 市场上常见的云数据库产品

企业	产品
Amazon	Dynamo、SimpleDB、RDS
Google	Google Cloud SQL
Microsoft	Microsoft SQL Azure
Oracle	Oracle Cloud
Yahoo!	PNUTS
EnerpriseDB	Postgres Plus in the Cloud
阿里	阿里云 RDS
百度	百度云数据库
腾讯	腾讯云数据库

本章小结

随着计算机技术的发展，数据存储与管理经历了人工管理、文件系统、数据库系统 3 个发展阶段。在数据库方面，经历了网状数据库、层次数据库、关系数据库、并行数据库、NoSQL 数据库、云数据库阶段。数据存储与管理技术的不断发展，使人类能够管理的数据越来越多，效率越来越高，对后续的大数据处理分析环节起到了很好的支撑作用。

本章首先介绍了文件系统、关系数据库等传统的数据存储与管理技术，然后介绍了分布式数据处理、并行数据库、分布式数据库和 Hadoop 处理框架等大数据时代的数据存储和管理技术。需要说明的是，虽然大数据时代的新技术不断涌现，但是一些传统的数据存储与管理技术仍然十分重要，这些新旧技术会相辅相成，共同推动数据存储与管理技术的进一步发展。

思考与练习

1. 传统的数据存储与管理技术有哪些？
2. 关系数据库有哪些特性？
3. 试述 Hadoop 与谷歌 GFS、MapReduce 的关系。
4. 试述 Hadoop 生态系统构成及各个组件的基本功能。
5. 试述键值数据库、列族数据库、文档数据库和图数据库的适用场合和优缺点。
6. 试述云数据库的概念及特性。
7. 试述云数据库与其他数据库的关系。

第 5 章 机器学习

 本章导读

机器学习属于人工智能科学,具有多学科交叉特点,涉及内容包括概率学、统计学等。大数据技术和机器学习两者相辅相成、彼此促进。机器学习可以帮助用户通过非同以往的规模和范围执行任务,加快工作速度,减少错误,提高效率。

如今,机器学习已经从科幻小说走进了现实世界,许多行业都实现了机器学习技术的融入,机器学习应用程序产生了跨业务功能的价值。另外,以创新为导向的商业组织正在寻找利用机器学习技术的机会,这不仅提高效率,还能激发新的商业机会,使公司和业务在市场中脱颖而出。在实际应用场景中,医生使用机器学习技术能更准确地诊断和治疗病人;零售商运用机器学习算法系统,在合适的时间把商品准确运送到指定商店;研究人员借助机器学习算法辅助生物实验,加速新药开发等。除此之外,从金融、科技、能源、公共事业到旅行、酒店,再到制造、物流等行业,各种组织都在越来越广泛而深入地使用机器学习的相关知识。

本章介绍机器学习的概念、机器学习的发展历程与主流学派、有监督学习算法、无监督学习算法以及算法模型的评估。

 学习目标

(1)熟悉机器学习的基本概念与发展历程。
(2)掌握有监督学习、无监督学习的概念。
(3)了解机器学习算法中常见的问题与评估方法。

 思政目标

(1)通过介绍机器学习发展的曲折历程和今后广阔的应用前景,使学生进一步理解"事物发展的前途是光明的,道路是曲折的"唯物辩证关系,树立学好课程的信心和准备埋头苦干的决心。

(2)通过介绍我国机器学习的发展历程和应用领域,强调国家在这一领域的成就,激发学生的爱国情怀。

5.1 机器学习概述

机器学习是一门多领域交叉学科，涉及概率论、统计学、凸分析、算法复杂度理论等多门学科。机器学习的核心是研究计算机怎样模拟或实现人类的学习行为，以获取新的知识或技能，重新组织已有的知识结构以不断改善自身的性能。它是人工智能的核心，是使计算机具有智能的根本途径，其应用遍及人工智能的各个领域。

5.1.1 什么是机器学习

机器学习是一类算法的总称，这些算法企图从大量历史数据中挖掘出其中隐含的规律，并用于预测或者分类。更具体地说，机器学习可以看作是寻找一个函数，输入是样本数据，输出是期望的结果，只是这个函数过于复杂，以至于不能够形式化表达。需要注意的是，机器学习的目标是使学到的函数很好地适用于"新样本"，而不仅仅是在训练样本上表现很好。学到的函数适用于新样本的能力，称为泛化（Generalization）能力。

谷歌旗下 DeepMind 公司开发的 AlphaGo 是第一个击败人类职业围棋选手且在 2016 年 3 月击败了世界顶级围棋选手李世石的智能机器人。AlphaGo 背后的原理就是大数据分析，通过机器（算法）不停地对海量的数据进行训练、学习、积累后，AlphaGo 逐渐掌握了大量的围棋技巧，并凭借高速的计算能力击败了顶级围棋选手。机器学习通过模拟或实现人类的学习行为，以探寻大数据背后的规律，机器学习在某种程度上可以说是人工智能的核心。

5.1.2 机器学习与大数据技术的关系

1. 机器学习与大数据技术的关系

机器学习和大数据之间存在着密切的联系，两者互相促进、互相依赖，共同推动了数据科学和人工智能的发展和进步。大数据技术涵盖数据存储与管理技术、数据处理和分析技术等，提供了数量庞大、形式多样、生成速度快的数据。而机器学习作为人工智能的一个重要分支，是一种通过构建模型和算法从数据中学习并不断改进的技术的总称，它根据大数据中的模式和规律进行训练，并将模型应用于新的数据，实现自动化分类、预测、决策的功能。

机器学习不仅需要理论可证、适用性高的先进算法，还需要量足够多，质足够好的大数据资源作为模型训练的支撑，提高机器学习模型的精确性和运行效率。而机器学习则为大数据提供了强有力的分析工具，通过机器学习算法，人们可以从大数据中挖掘出隐藏的规律或者模型，提取出人们事先未知的信息。

2. 机器学习与深度学习的关系

随着人工智能技术的不断发展，尤其是 ChatGPT、Sora 等 AI 应用引爆人工智能领域后，深度学习成为了备受关注的技术之一。机器学习算法包括但不限于聚类、分类、决策树、贝叶斯、神经网络和深度学习等，这些算法通过建立数学模型来解决最优化问题。深度学习是一种机器学习方法，旨在模仿人脑的工作原理，其最具代表性的应用就是图像识别和分类。

深度学习和机器学习之间的关系可以理解为深度学习是机器学习的一种特殊方法和扩展。深度学习通过构建多层神经网络来模仿和学习人类大脑的工作机制，以此来处理复杂的模式和数据，特别是那些传统机器学习方法难以处理的非线性问题。因此，深度学习往往需要更大体量的数据，因为它使用更多的参数和更复杂的模型来模拟和学习。

在实际应用中，它们通常相辅相成，配合使用，机器学习可以为深度学习提供特征预处理和特征提取，而深度学习可以提高机器学习的预测精度和性能。因此，在面对复杂问题时，可以结合使用机器学习和深度学习两种方法，以提高解决问题的能力。

【识别动物猫】

模式识别（官方标准）：通过大量的经验，得到结论，从而判断它就是猫。

机器学习（数据学习）：通过阅读进行学习，观察它会叫、小眼睛、两只耳朵、四条腿、一条尾巴……得到结论，从而判断它就是猫。

深度学习（深入数据）：通过深入了解它，发现它会"喵喵"地叫、与同类的猫科动物很类似，得到结论，从而判断它就是猫。（深度学习常用领域：语音识别、图像识别）

【其他自动识别场景】

搜索引擎：根据用户的搜索点击，优化下次的搜索结果，原理是利用机器学习来帮助搜索引擎判断哪个结果更符合用户的需求（也判断哪个广告更适合用户）。

垃圾邮件：会自动地过滤垃圾广告邮件到垃圾箱内。

超市优惠券：在购买小孩子尿布的时候，售货员会赠送你一张优惠券可以兑换6罐啤酒。

邮局邮寄：手写软件自动识别寄送贺卡的地址。

申请贷款：通过用户最近的金融活动信息进行综合评定，决定其是否合格。

5.1.3 机器学习发展简史

从机器诞生以来，人们一直试图让机器具有智能。从20世纪50年代，人工智能的发展经历了"推理期"，即通过赋予机器逻辑推理能力使机器获得智能，当时的AI程序能够证明一些著名的数学定理，但由于缺乏知识，其远不能实现真正的"智能"。20世纪70年代，人工智能的发展进入"知识期"，即将人类的知识总结出来教给机器，使机器获得智能。在这一时期，大量的专家系统问世，在很多领域取得大量成果，但由于人类知识量巨大，故出现"知识工程瓶颈"。无论是"推理期"还是"知识期"，机器都是按照人类设定的规则和总结的知识运作，永远无法超越其创造者，同时人力成本又很高。于是，一些学者开始思考机器能够自我学习的方法。机器学习（Machine Learning）方法应运而生，人工智能进入"机器学习时期"。

"机器学习时期"也分为三个阶段，20世纪80年代，联结主义较为流行，方法代表有感知机（Perceptron）和神经网络（Neural Network）。20世纪90年代，统计学习方法开始占据主流，代表性方法有支持向量机（Support Vector Machine）。进入21世纪后，深度神经网络被提出，连接主义卷土重来，随着数据量和计算能力的不断提升，以深度学习（Deep Learning）为基础的诸多AI应用逐渐成熟。

5.1.4 机器学习的流派

在人工智能的发展过程中，随着人们对智能的理解和现实问题的解决方法演变，机器学习大致出现了符号主义、贝叶斯、联结主义、进化主义、行为类推主义五大流派。

1. 符号主义（Symbolism）

符号主义起源于逻辑学、哲学，其主要观点是利用物理符号系统及有限合理性原理来实现人工智能。实现方法是用符号表示知识，并用规则进行逻辑推理，其中专家系统和知识工程是这一学说的代表性成果。符号主义流派认为人类思维的基本单元是符号，而基于符号的一系列运算就构成了认知的过程，所以人和计算机都可以被看成具备逻辑推理能力的符号系统。因此，计算机可以通过各种符号运算来模拟人的"智能"。

符号主义首个代表性成果是 Allen 等人发明的启发式程序 LT（逻辑理论家），它可以证明出《自然哲学的数字原理》中 38 条数学定理，而且某些解法甚至比人类数学家提供的方案更为巧妙。逻辑理论家的诞生表明应用计算机可以研究人的思维过程，模拟人类智能活动。此后，符号主义走过了一条启发式算法—专家系统—知识工程的发展道路。

Allen 和 Simon 等人提出了通用问题解决器（General Problem Solver）推理架构以及启发式搜索思路，影响相当深远（比如 AlphaGO 就借鉴了这一思想）。1997 年 5 月，名为"深蓝"的 IBM 超级计算机打败了国际象棋世界冠军卡斯帕罗夫，这一事件在当时也曾轰动世界。其实本质上，"深蓝"就是符号主义在博弈领域的成果。

1968 年费根鲍姆等人研制成功第一个专家系统以来，专家系统获得了飞速的发展，并且运用于医疗、军事、地质勘探、教学、化工等领域，产生了巨大的经济效益和社会效益。专家系统对 20 世纪 AI 的繁荣起到了非常重要的推动作用，理论上来讲它也属于符号主义的研究成果。

专家系统的主要难点在于：知识的获取构建以及推理引擎的实现。所以学者们围绕这些困难点发展了不少理论，比如反向链（Backward Chaining）推理、Rate 算法等。

20 世纪 80 年代末，符号主义学派开始走向衰落，其重要原因是符号主义追求的是如同数学定理般的算法规则，试图将人的思想、行为活动及其结果，抽象化为简洁深入而又包罗万象的规则定理，就像牛顿将世间万物的运动规律抽象到三条定理之中。但是，人的思想无比复杂而又广阔无垠，人类智能也远不止逻辑和推理。所以，用符号主义学派理论解决智能问题难度可想而知；另一个重要原因是人类抽象出的符号源头是身体对物理世界的感知，人类能够通过符号进行交流，是因为人类拥有类似的身体。计算机只处理符号，就不可能有类人感知，而某些的"潜智能"，不必也不能形式化为符号的知觉，更是计算机不能触及的。要实现类人乃至超人智能，就不能仅仅依靠符号知识。

2. 贝叶斯

贝叶斯定理是概率论中的一个定理，其中 $P(A|B)$ 是在事件 B 发生的情况下事件 A 发生的可能性（条件概率）。贝叶斯学习是利用参数的先验分布和由样本信息求来的后验分布，直

接求出总体分布。贝叶斯学习的结果表示为随机变量的概率分布，可以理解为对不同可能性的信任程度。当拥有的实验数据越多，贝叶斯学习的准确率亦随之提升。当前，贝叶斯学习已经被应用于许多领域，例如，自然语言中的情感分类、自动驾驶和垃圾邮件过滤等。

3. 联结主义

联结主义起源于神经科学，主要算法是构建神经网络模型，由大量神经元以一定的结构组成。本质是一种基于神经网络和网络间的连接机制与学习算法的智能模拟方法。联结主义强调智能活动是由大量简单单元通过复杂连接后并行运行的结果。其基本思想：既然生物智能是由神经网络产生的，那就通过人工方式构造神经网络，再训练人工神经网络产生智能。

1957 年，感知器被发明，之后联结主义学派一度沉寂。1982 年霍普菲尔德网络、1985 年受限玻尔兹曼机、1986 多层感知器被陆续发明，1986 年的反向传播法还解决了多层感知器的训练问题，1987 年卷积神经网络开始被用于语音识别。此后，联结主义势头大振，从模型到算法，从理论分析到工程实现，都为神经网络计算机走向市场打下基础。1989 年，反向传播和神经网络被用于识别银行手写支票的数字，首次实现了人工神经网络的商业化应用。

与符号主义学派强调对人类逻辑推理的模拟不同，联结主义学派强调对人类大脑的直接模拟。如果说神经网络模型是对大脑结构和机制的模拟，那么联结主义的各种机器学习方法就是对大脑学习和训练机制的模拟。学习和训练是需要有内容的，该内容就是数据。

联结主义学派可谓是生逢其时，在其深度学习理论取得了一系列的突破后，人类就进入互联网和大数据的时代。互联网产生了大量的数据，包括海量行为数据、图像数据、内容文本数据等。这些数据分别为智能推荐、图像处理、自然语言处理技术发展做出卓著的贡献。当然，仅有数据也不够，2004 年后大数据技术框架的形成和图形处理器（GPU）发展使得深度学习所需要的算力进一步得到满足。

在人工智能的算法、算力、数据三要素齐备后，联结主义学派就开始大放光彩了。2009 年多层神经网络在语音识别方面取得了重大突破，2011 年苹果公司将 Siri 整合到 iPhone4 中，2012 年谷歌研发的无人驾驶汽车开始路测，2016 年 DeepMind 的 AlphaGo 击败围棋冠军李世石，2018 年 DeepMind 的 Alphafold 破解了出现了 50 年之久的蛋白质分子折叠问题。

2022 年 11 月 30 日，Open AI 发布聊天机器人程序 ChatGPT。ChatGPT 是由人工智能技术驱动的自然语言处理工具，它能够通过理解和学习人类的语言来进行对话，还能根据聊天的上下文进行互动，真正像人类一样来聊天交流，完成撰写邮件、文案、翻译、代码等任务。ChatGPT 联结主义技术路线在自然语言理解方面取得的实践性成功，体现对符号主义规则导向智能系统的一种改进。2023 年 4 月，出于对数据安全和国家数据信息保护的考虑，中国支付清算协会倡议支付行业从业人员谨慎使用 ChatGPT。

4. 进化主义

英国生物学家达尔文在对自然动植物和地质进行了大量的观察和样本采集后，形成了生物进化的概念，并于 1859 年出版了震惊世界的《物种起源》。根据进化论，从微观层面看，DNA 是所有生命形式的基础，决定了生物的基因组和遗传特征，生物进化的过程即 DNA 交叉、突变的过程。从宏观层面看，进化过程即生物个体适应环境、优胜劣汰的过程。

进化算法（Evolutionary Algorithm，EA）通过在计算机上模拟进化过程，基于"物竞天择，适者生存"的原则，不断进行迭代和优化，直到找到最佳的结果。

进化算法包括基因编码、种群初始化、交叉变异算子等基本操作，是一种比较成熟的具有广泛适用性的全局优化方法，具有自组织、自适应、自学习的特性，能够有效地处理传统优化算法难以解决的复杂问题。遗传算法的优化要视具体情况进行算法选择，也可以与其他算法相结合，对其进行补充。

5. 行为类推主义

行为主义学派又称进化主义或控制论学派，是一种基于"感知—行动"的行为智能模拟方法，思想来源是进化论和控制论，其核心为控制论以及"感知—动作"型控制系统。控制论把神经系统的工作原理与信息理论、控制理论、逻辑以及计算机联系起来。

行为主义学派主张：智能取决于感知和行为，取决于对外界复杂环境的适应，而不是表示和推理，不同的行为表现出不同的功能和不同的控制结构。生物智能是自然进化的产物，生物通过与环境及其他生物之间的相互作用，从而发展出越来越强的智能，人工智能也可以沿这个途径发展。维纳和麦克洛等人提出的控制论和自组织系统以及钱学森等人提出的工程控制论和生物控制论，影响了许多领域。

布鲁克斯的六足行走机器人，被看作新一代的"控制论动物"，是一个基于感知—动作模式的模拟昆虫行为的控制系统，它被看作是新一代的"控制论动物"，是一个基于感知—动作模式模拟昆虫行为的控制系统。其他的研究成果如波士顿动力公司研制的机器人和机器狗，其智慧并非源于大脑控制中枢，而是来源于自下而上的肢体与环境的互动学习。

机器学习五大流派对比与演化如表5-1和图5-1所示。

表5-1 机器学习五大流派主张内容对比

流派名称	符号主义	贝叶斯派	联结主义	进化主义	行为类比主义
起源	逻辑学、哲学	统计学	神经科学	进化生物学	心理学
核心思想	认知即计算，通过对符号的演绎和逆演绎进行结果预测	主观概率估计，发生概率修正，最优决策	对大脑进行仿真	对进化进行模拟，使用遗传算法和遗传编程	新旧知识间的相似性
问题	知识结构	不确定性	信度分配	结构发现	相似性
代表算法	逆演绎算法	概率推理	反向传播算法、深度学习	基因编程	核机器、近邻算法
代表应用	知识图谱	反垃圾邮件、概率预测	机器视觉、语音识别	海星机器人	波士顿动力机器人
代表人物	Tom Mitchell、Steve Muggleton、Ross Quinlan	David Heckerman、Judea Pearl、Michael Jordan	Yann LeCun、Geoff Hinton、Yoshua Bengio	John Koda、John Holland、Hod Lipson	Peter Hart、Vladimir Vapnik、Douglas Hofstadter

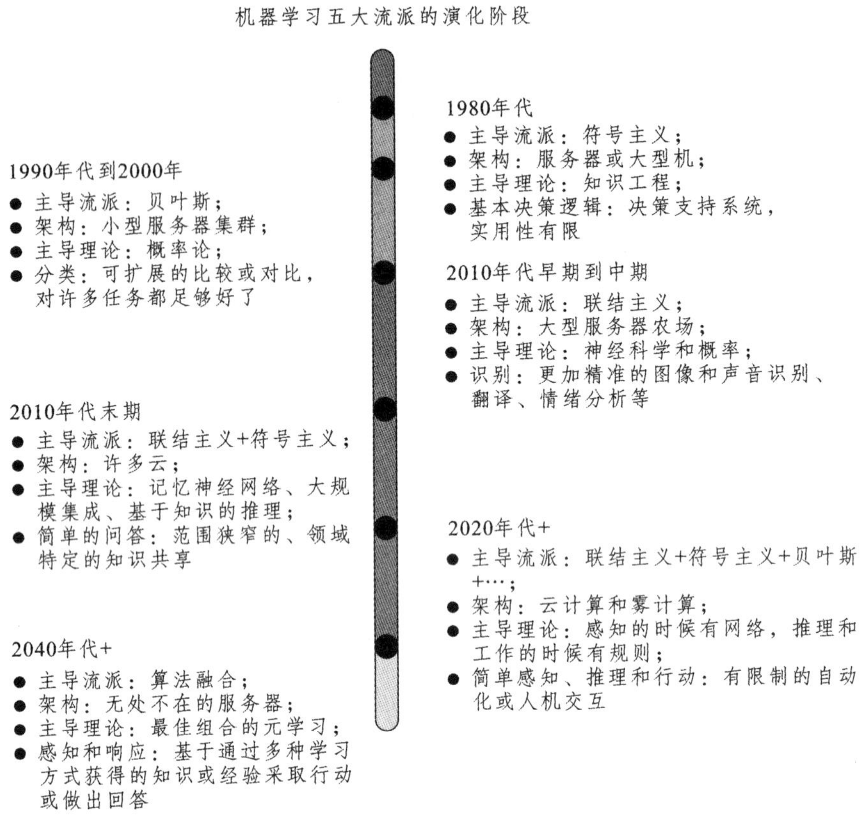

机器学习五大流派的演化阶段

1980年代
- 主导流派：符号主义；
- 架构：服务器或大型机；
- 主导理论：知识工程；
- 基本决策逻辑：决策支持系统，实用性有限

1990年代到2000年
- 主导流派：贝叶斯；
- 架构：小型服务器集群；
- 主导理论：概率论；
- 分类：可扩展的比较或对比，对许多任务都足够好了

2010年代早期到中期
- 主导流派：联结主义；
- 架构：大型服务器农场；
- 主导理论：神经科学和概率；
- 识别：更加精准的图像和声音识别、翻译、情绪分析等

2010年代末期
- 主导流派：联结主义+符号主义；
- 架构：许多云；
- 主导理论：记忆神经网络、大规模集成、基于知识的推理；
- 简单的问答：范围狭窄的、领域特定的知识共享

2020年代+
- 主导流派：联结主义+符号主义+贝叶斯+…；
- 架构：云计算和雾计算；
- 主导理论：感知的时候有网络，推理和工作的时候有规则；
- 简单感知、推理和行动：有限制的自动化或人机交互

2040年代+
- 主导流派：算法融合；
- 架构：无处不在的服务器；
- 主导理论：最佳组合的元学习；
- 感知和响应：基于通过多种学习方式获得的知识或经验采取行动或做出回答

图 5-1 机器学习五大流派的演化

5.1.5 机器学习的发展

自计算机问世以来，计算机可以学习和模仿人类的智慧一直是人们的追求目标。目前，通过学习经验获得新知识和技能的软件程序也变得越来越普遍。人们用这机器学习程序发现用户会喜欢的新音乐，快速找出用户想网购的鞋子；机器学习程序使得人们通过语音命令控制手机，让恒温器自动调节温度。它能比人类更准确地识别出潦草的手写邮箱地址，更安全地保护信用卡，防止诈骗。从新药品研发到从网页筛选头条新闻，机器学习软件逐渐成为许多产业的核心工具。机器学习已经进入长期以来一直被认为只有人类才能胜任的领域，甚至能预测球队的胜负。

机器学习是设计和研究能够根据过去的经验来为未来做决策的软件的过程，它利用数据驱动的程序来开展研究。机器学习以"归纳"为基础，从已知案例数据中找出未知的规律，如垃圾邮件过滤，通过对数千份已经打上是否为垃圾标签的邮件进行学习分析，机器学习系统能够对新邮件进行精准过滤。

人工智能研究领域的计算机科学家 Arthur Samuel 曾表示，机器学习是"研究如何让计算机在无须明确编程的情况下也能具有学习能力"。在二十世纪五六十年代，Samuel 开发了一款下象棋程序。程序的基础规则非常简单，然而要打败专业棋手需要运用复杂的策略。通过几千局游戏的训练，该程序学会了复杂的策略，可以打败很多人类棋手。

计算机科学家 Tom Mitchell 对机器学习给出了更为正确的定义："一个程序在完成任务 T 后获得了经验 E，其表现效果为 P，如果它完成任务 T 的效果是 P，那么会获得经验 E"。例如，假设我们有一些图片，每张图片里要么是一条狗，要么是一只猫。程序可以通过观察图片来学会如何分类，然后它可以通过计算图片正确分类比例来评估学习效果。

5.2 机器学习方法

机器学习是计算机基于数据构建概率统计模型并运用模型对数据进行预测与分析的技术总称，大数据分析和挖掘强有力的工具。机器学习主要分为有监督式学习、无监督式学习以及半监督式学习。三者最大的区别在于模型训练时是否需要人工标注的标签信息。监督学习通过使用大量的标注数据训练模型，使得模型通过训练学习到输入和输出标签之间的相关性；半监督学习通过使用少量有标签的数据和大量无标签的数据来训练网络；无监督学习不依赖任何数据标签信息，挖掘数据背后隐藏的规律和事先未知的信息，找到样本间的关系。

5.2.1 监督学习

1. 有监督式学习的内涵

有监督式学习（Supervised Learning，SL），是最常见的机器学习方法。有监督式学习通过探索输入数据与输出标签之间的对应关系，学习或建立一个模式，并试图依此模式推测出新数据（或测试数据）的预测出标签。这里所说的模式，通常是一个函数或者数学模型，而函数的输出可以是一个连续的值（称为回归预测），或是预测一个分类标签（称作分类预测）。

可以说，在有监督式学习中，对于给定的一组数据，必须确定其标签（或目标变量）的值，以便机器学习算法在训练中发现特征变量（输入数据）和目标变量（输出数据）之间的关系。在训练模型的时候，已知正确的输出结果应该是什么样子，并且推测在输入和输出之间大概率存在着一个特定的关系。

一个有监督式学习者的任务是在观察完一些训练范例（输入和预期输出）后，去预测这个函数对任何可能出现的输入的值的输出。要达到此目的，学习者必须以"合理"的方式从现有的资料中一般化到非观察到的情况。在人类和动物感知中，该行为则通常被称为概念学习（Concept Learning）。

2. 有监督式学习的流程

（1）根据目标任务选择适合的有监督算法或数学模型。

（2）采集数据集，观察数据集样本的标签信息是否分布均衡，数据样本不均衡则需要通过随机抽样或者 SMOTE 算法等方式进行调整；如果数据标签均衡则进行数据的预处理和特征工程。

（3）将已处理好的样本数据（包括特征数据+标签数据）输入到机器模型中进行训练，机器通过自己的学习，从训练数据中寻找规律，总结出自己的"方法模式"。

（4）将待预测的数据（新的特征数据）输入给机器，机器根据训练得出的"方法模式"

对待预测数据进行分析并给出相关答案。

【案例】

现有鸢尾花样本数据集 iris，由 3 种不同类型的鸢尾花（setosa、versicolor 和 virginica）组成，依据花瓣和萼片长度、宽度对花的类型进行分类。

监督式学习（训练数据中包含特征数据 X 和目标变量 Y）：

训练数据如表 5-2 所示。

表 5-2　训练数据

序号	花萼长度 ($X1$)	花萼宽度 ($X2$)	花蕊长度 ($X3$)	花蕊宽度 ($X4$)	品种 (标签/目标变量 Y)
1	1.4	0.2	5.1	3.5	setosa
2	1.3	0.2	4.7	3.2	setosa
3	3.5	1	5	1	versicolor
4	4.6	1.4	6.1	3	versicolor
5	6.9	2.3	7.7	2.6	virginica
……					

搭建分类预测模型：$Y = F(X1, X2, X3, X4)$

待测试数据如表 5-3 所示。

表 5-3　待测试数据

花萼长度 ($X1$)	花萼宽度 ($X2$)	花蕊长度 ($X3$)	花蕊宽度 ($X4$)	品种 (标签/目标变量 Y)
1.3	1.2	5.1	3.5	?

样本集：训练数据+测试数据。

训练样本 = 特征（feature）+目标变量（label：分类-离散值/回归-连续值）。

特征：通常是训练样本集的列，它们是独立测量得到的。

目标变量：目标变量是机器学习预测算法的测试结果。

在分类算法中目标变量的类型通常是标称型（如真与假），而在回归算法中通常是连续型（如 1～100）。

3. 常见的有监督式学习算法

1) K 近邻

通过测量不同特征值之间的距离来进行分类。当输入没有标签的新数据时，将新数据的每个特征与样本集中数据对应的特征进行比较，然后算法提取样本集中特征最相似（最近邻）数据的标签作为预测标签。

2) 感知机

假设训练数据集是线性可分的，感知机学习的目标就是求得一个能够将训练集正实例点和负实例点完成正确分开的分离超平面。为此导入基于误分类的损失函数，利用梯度下降法对损失函数进行极小化，求得感知机模型。感知机是神经网络与支持向量机的基础。

3）朴素贝叶斯

朴素贝叶斯（Naive Bayes）的基本原理来自贝叶斯定理，是一种基于概率论的算法，在做决策时要求分类器给出一个最优的类别猜测结果，同时给出这个猜测的概率估计值。算法中的"朴素"，表示所有特征变量间相互独立，不会影响彼此。该算法的主要思想：如果有一个需要分类的数据，它有一些特征，通过统计这些特征最多地出现在哪些类别中，哪个类别相应特征出现得最多，就把它放到哪个类别里。

4）逻辑回归

逻辑回归算法的名字虽然叫"回归"，但其却是一种分类学习方法。该算法使用场景有两类：第一类是预测，第二类是寻找因变量的影响因素。逻辑回归是分类和预测算法中的一种，通过历史数据的表现对未来结果发生的概率进行预测。

例如，工作人员可以将购买的概率设置为因变量，将用户的特征属性，例如性别、年龄、注册时间等设置为自变量，根据特征属性预测购买的概率。

5）支持向量机

支持向量机也称为支持向量网络。在给定一组训练样本后，每个训练样本被标记为属于两个类别中的一个或另一个。支持向量机的训练算法会创建一个将新的样本分配给两个类别之一的模型，使其成为非概率二元线性分类器。支持向量机模型将样本表示为在空间中的映射的点，这样具有单一类别的样本能尽可能明显的间隔分开来。所有这样新的样本映射到同一空间，就可以基于它们落在间隔的哪一侧来预测属于哪一类别。

6）决策树

决策树是基于特征对实例进行分类的树形结构。根据一些特征进行分类，每个节点提一个问题，通过判断，将数据分为两类，再继续提问。这些问题是根据已有数据学习出来的，在投入新数据的时候，就可以根据这棵树上的问题，将数据划分到合适的叶子上。

7）集成方法

集成方法主要有 bagging、boosting 两种集成多个分类器的方法。

其中 bagging 思想是把训练集进行随机放回抽样，抽取出与原训练集数量相同的新数据集，总共生成多个样本数量相同的新训练集。利用同一个学习算法对这几个训练集训练，形成多个分类器，之后预测新实例时用多个分类器同时进行预测，选择最多的分类类别作为结果。最常用的方法是随机森林。

boosting 思想只用原始数据集，但对里面每个样本赋予权重，先后用同种弱分类器训练数据集，每个弱分类器训练结束得到由分类正确率计算出来的 alpha 值，再通过这个值更新样本权重。预测新实例时是将每个弱分类器预测结果乘 alpha 值再线性相加得到，最常用的方法是 Adaboost。

8）神经网络

神经网络是一种模拟人脑结构的算法模型。其原理就在于将信息分布式存储和并行协同处理。虽然每个单元的功能非常简单，但大量单元构成的网络系统就能实现非常复杂的数据计算，并且其还是一个高度复杂的非线性动力学习系统。神经网络的结构更接近于人脑，具有大规模并行、分布式存储和处理、自组织、自适应和自学能力。

4. 有监督式学习的缺点

有监督式学习要求训练数据都是有标注的，即有标签信息的，而数据标注的成本往往巨大，因为基本上数据标注都是由人工手动标注的。当面对大量的数据，数据标注所需要的人力、物力、财力、时间花费使得大多数公司、个人组织、学校甚至研究机构"望而却步"。这导致了该领域研究的组织和个人，更偏向通过使用开源数据集调试、训练自己的模型。

机器学习的任务可以分为分类与回归：

（1）分类问题的核心是如何利用模型来判别一个数据样本的类别。这个类别一般是离散的，比如两类或者多类。

（2）回归问题的核心则是利用模型来输出一个预测的数值。这个数值一般是一个实数，是连续的。

5.2.2 非监督学习

1. 非监督学习的概念

非监督学习（Unsupervised Learning）是在不含有标签信息的数据中，试图挖掘特征数据中隐藏的结构或者人们事先未知的规律。非监督式学习机器输入样本特征数据，而样本数据的标签未知，需要机器根据样本特征间的相似性对样本集进行聚类以试图使得每个类别内差距最小化，类别间差距最大化。

在实际场景应用中，很多时候人们无法预先知道样本的标签，因此缺少训练样本对应的标签，这就要求模型通过学习样本数据的内在结构，合理地组织数据来进行预测作业。换句话说，非监督式学习的主旨不是告诉机器要怎么进行预测，而是让机器自己学习如何预测。

非监督式学习算法训练经常采用某种形式制度，对机器合理正确的行为做出激励，对错误行为做出惩罚。在决策系统中，它的意义不是为了产生一个预测系统，而是做出最大回报的决定，这种思路其实更符合现实世界。

2. 非监督学习的两类方法

（1）基于样本间相似性度量的简洁聚类方法：其原理是设法定出不同类别的核心或初始内核，然后依据样本与核心之间的相似性度量将样本聚集成不同的类别。该方法应用于数据挖掘、模式识别、图像处理等。

（2）基于概率密度函数估计的直接方法：指设法找到各类别在特征空间的分布参数，通过样本分布的紧密程度来估计与分组的相似性，再进行分类。

此外，无监督学习还可以减少数据特征的维度，以便我们可以使用二维或三维图形更加直观地展示数据信息。

【案例浏览】

现有鸢尾花样本数据集 iris，由 3 种不同类型的鸢尾花（Setosa、Versicolour 和 Virginica）组成，依据花瓣和萼片长度宽度对花的类型进行分类。

无监督式学习（训练数据中仅包含特征数据 X）：

训练数据如表 5-4 所示。

表 5-4 训练数据

序号	花萼长度（$X1$）	花萼宽度（$X2$）	花蕊长度（$X3$）	花蕊宽度（$X4$）
1	1.4	0.2	5.1	3.5
2	1.3	0.2	4.7	3.2
3	3.5	1	5	1
4	4.6	1.4	6.1	3
5	6.9	2.3	7.7	2.6
……				

搭建分类预测模型，如图 5-2 所示。

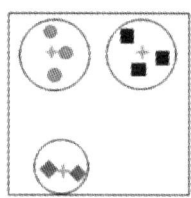

图 5-2 分类预测模型

待测试数据如表 5-5 所示。

表 5-5 待测试数据

花萼长度（$X1$）	花萼宽度（$X2$）	花蕊长度（$X3$）	花蕊宽度（$X4$）	模型自行分类
1.3	1.2	5.1	3.5	?

3. 常见的无监督式学习算法

1）聚类算法

通过测量不同特征值之间的距离分类。当输入没有标签的新数据时，将新数据的每个特征与样本集中数据对应的特征进行比较，然后算法提取样本集中特征最相似（最近邻）数据的标签作为预测标签。

2）主成分分析方法

PCA（Principal Component Analysis，主成分分析方法）是一种用于减少数据中的变量的算法。它对变量之间存在相关性的数据很有效，是一种具有代表性的降维算法。PCA 使用低维变量表示高维空间中的数据。这个低维的轴叫作主成分，以原来的变量的线性和的形式组成。PCA 能够发现对象数据的方向和重要度。方向由构成新变量时对象数据变量的权重决定，而重要度与变量的偏差有关。

3）LDA

LDA（隐含狄利克雷分布）是一种降维算法，适用于文本建模。该算法可以根据文本中的单词找出潜在的主题，并描述每个文本是由什么主题组成的，还可以用于说明一个文本不只有一个主题，而是有多个主题。

4）Apriori

Apriori 算法是一种挖掘关联规则的频繁项集算法，反映了一个事物与其他事物之间的相互依存性和关联性，常用于实体商店或在线电商的推荐系统。Apriori 算法通过对顾客的购买记录数据库进行关联规则挖掘，寻找顾客群体购买习惯的内在共性，例如购买产品 A 的同时也连带购买产品 B 的概率，根据挖掘结果，调整货架的布局陈列、设计促销组合方案，实现销量的提升，最经典的应用案例莫过于沃尔玛超市的"啤酒和尿布"。

4. 无监督式学习算法的缺点

在实际生活场景中，很多情况下收集的都是无标注的数据，且对无标注数据的研究也是未来人工智能算法的重要研究方向。然而因为缺少标注信息，很多在有监督式学习中适用的算法模型，却无法在未数据标注的场景下使用。此外，无监督式学习算法能够处理的任务难度较低，对场景数据有一定约束，部分无监督式学习算法的结果可解释性有限。

5.2.3 监督学习和非监督学习的区别

（1）监督学习方法必须要有训练集与测试样本，在训练集中找规律，而对测试样本使用这种规律。而非监督学习没有训练集，只有一组数据，在该组数据集内寻找规律。

（2）监督学习的方法就是识别事物，识别的结果表现在给待识别数据加上了标签。因此训练样本集必须由带标签的样本组成。而非监督学习方法只有要分析的数据集的本身，预先没有什么标签。如果发现数据集呈现某种聚集性，则可按自然的聚集性分类，但不以某种预先分类标签对上号为目的。

（3）非监督学习方法旨在寻找数据集中的规律性，这种规律性并不一定要达到划分数据集的目的，也就是说不一定要"分类"。

（4）用非监督学习方法分析数据集的主分量与用 K-L 变换计算数据集的主分量又有区别。后者从方法上讲不是学习方法，因此用 K-L 变换找主分量不属于无监督学习方法，即方法上不是。而通过学习逐渐找到规律这一行为体现了学习方法。在人工神经元网络中寻找主分量的方法属于无监督学习方法。

（5）有别于监督式学习网络，无监督式学习网络在学习时并不知道其分类结果是否正确，亦即没有受到监督式增强（告诉它何种学习是正确的）。

5.3 数据集的划分和模型的评估

5.3.1 数据集的划分

由于高质量数据的获取往往不易，为了在建模中对数据进行充分的应用，通常会把机器学习所使用的观测数据划分成训练集、验证集和测试集三部分。三个部分的划分比例没有固定要求，按实际观测值的规模来确定。一般把 50% 以上的数据作为训练集，20%~25% 的数据作为测试集，剩下的作为验证集。

训练集（Training set）：学习样本数据集，通过匹配一些参数来建立一个模型，主要用来训练模型。类比考试前做的解题训练。

验证集（Validation set）：训练出来模型后，通过其调整模型的参数，如在神经网络中选择隐藏单元数。验证集还用来确定网络结构或者控制模型复杂程度的参数。类比考试之前做的模拟考试训练。

测试集（Test set）：测试训练好的模型的分辨能力的数据集。类比参加实际考试。

1. 训练集

训练集里面的观测值构成了算法用来学习的经验数据。在监督学习问题中，每个观测值都由一个标签（目标）变量和若干个解释（特征）变量组成。

2. 测试集

测试集是一个类似于观测值的集合，结合一些评估指标来检测模型的准确性或者评估模型的运行效果。需要注意的是，测试集的数据不能出现在训练集中，否则很难评价算法是否从训练集中学到了归纳能力。一个学习能力好的程序当面对新数据也能很好地完成任务。相反，一个通过记忆训练数据来学习复杂模型的程序，可能通过训练集准确预测响应变量的值，但是在处理新问题的时候由于没有归纳能力会预测失败。

训练集和测试集的分布要与样本真实分布一致，即训练集和测试集都要保证是从样本真实分布中以独立同分布采样而得。训练集和测试集应互斥。

3. 验证集

除了训练集和测试集，还有部分观测值组成的集合称为验证集，验证集不是绝对必需的，更多的时候是起到辅助的作用，比如用来调整模型中的超参数变量，这类变量控制模型的学习机制。模型通过测试集来评估其真实的效果，然而验证集的评估效果不能作为模型评估真实值的效果，因为验证数据是作为调整模型参数使用的，可以与训练集数据一起视为"构建模型的数据"。

有的训练集只包含几百个观测值，而有的可能有几百万个。随着存储成本越来越便宜，网络连接范围不断扩大，内置传感器的智能手机的普及，以及对隐私数据态度的转变都在为大数据提供新动力，使千万甚至上亿级别的训练集成为可能。本书不会涉及这类需要上百个机器并行计算才能完成的任务，许多机器学习算法的能力会随着训练集的丰富变得更强大。但是，这也导致了更多充满噪声、没有关联或标签错误的数据出现，用包含这些"脏"数据的训练集训练的算法，也不会比只学习一小部分更有代表性的训练集的算法效果更好。

5.3.2 模型的评估

1. 交叉验证

许多监督学习的训练集都是人工标注的，或者半自动处理，所以建一个海量监督数据集需要耗费许多资源。在建模阶段，经常会遇到训练集数据不够的情况，通过交叉验证的方法，可以用相同的数据对算法进行多次训练和检验。

在交叉验证，样本数据是分成 N 块的，算法用 N-1 块进行训练，再用最后一块进行测试。每块都被算法轮流处理若干次，保证算法可以训练和评估所有数据。图 5-3 所示就是 5 块数据的交叉验证方法。

图 5-3 中，数据集被等分成 5 块，从 A 标到 E。开始的时候，模型用 B 到 E 进行训练，在 A 上测试，下一轮在 A，C，D 和 E 上训练，用 B 进行测试，依次循环，直到每一块都测试过。交叉验证为模型的效果评估提供了比只有一个数据集更准确的方法。

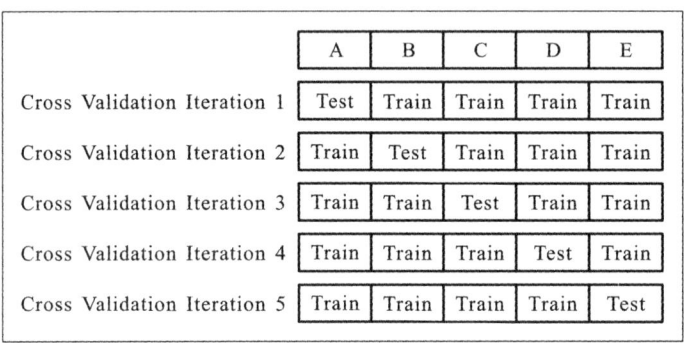

图 5-3　5 块数据的交叉验证方法

2. MSE 均方误差

数理统计和概率研究中，通常使用均方误差，即预测值与真实值之差平方的期望值，来衡量模型预测值与实际观测值之间差异大小，多用于评估模型在给定数据上的拟合程度。MSE 值越小表示模型的拟合程度越好。

MSE 的优点是对差异值进行平方操作，因此较大误差值对拟合度的影响会更大，这有助于更加敏感地捕捉模型的预测误差。

MSE 的缺点是 MSE 指标受异常值的影响较大，因为异常值的平方差异会被放大。在使用 MSE 进行模型评估时，需要注意异常值的处理以及模型的鲁棒性。

其他用于评估模型拟合程度的常用指标还有均方根误差 RMSE，平均绝对误差 MAE 等。

3. 混淆矩阵

混淆矩阵经常作为分类模型（监督学习）评价指标（非监督学习，通常用匹配矩阵），描述在已知真实值的一组测试数据上的性能。

混淆矩阵的每一列代表预测值，每一行代表的是实际的类别。以二分类问题为例，数据样本本身存在正例和负例的记录，将学习器预测的类别和数据本身类别进行对比，根据学习器预测结果的准确与否，得出真、假两类判断记录，可形成以下四种情况，如表 5-6 所示。

表 5-6　二分类混淆矩阵

		预测值	
		正例	负例
真实值	正例	真正例（TP）	假正例（FP）
	负例	假正例（FN）	真负例（TN）

查准率：指正确预测的正样本占所有预测为正样本的比例。

$P = TP/(TP+FP)$

查全率：又称灵敏度和命中率，是指正样本中被正确预测的比例。

$R = TP/(TP+FN)$

正确率：用来表示模型预测正确的样本比例。

$Accuracy = TP+TN/(TN+FN+TP+FP)$

查准率和查全率是一对矛盾的指标，当查准率高的时候，查全率一般很低；查全率高时，查准率一般很低。两者的侧重也不相同，比如商品推荐中，在尽可能少打扰用户的前提下，希望推荐的商品内容是用户感兴趣的，这时候应侧重查准率；而在逃犯检索系统中，在尽可能减少漏掉逃犯的前提下，应侧重查全率。为了平衡这两个指标，经常使用加权调和平均指标F1：

F1 得分：$F1=2*P*R/(P+R)$

4. ROC 与 AUC

ROC 曲线和 AUC 是一个从整体上评价二分类模型优劣的指标，其中 AUC 是 ROC 曲线与其横轴之间的面积。AUC 值越大说明模型越好。

5.4 模型的过拟合和欠拟合问题

5.4.1 过拟合问题

1. 问题定义

过拟合是指在模型参数拟合过程中的问题，由于训练数据包含抽样误差，训练时，复杂的模型将抽样误差也考虑在内，将抽样误差也进行了很好的拟合。具体表现就是最终模型在训练集上效果好，在测试集上效果差，模型泛化能力弱。

2. 出现过拟合的原因

（1）训练集的数量级和模型的复杂度不匹配，即训练集的数量级要小于模型的复杂度。
（2）训练集和测试集特征分布不一致。
（3）样本里的噪声数据干扰过大，大到模型过分记住了噪声特征，反而忽略了真实的输入输出间的关系。
（4）权值学习迭代次数足够多，拟合了训练数据中的噪声和训练样例中没有代表性的特征。

3. 避免此类问题的手段

（1）简化模型：调小模型复杂度，使其适合自己训练集的数量级（缩小宽度和减小深度）。
（2）增加数据：训练集越多，过拟合的概率越小。在计算机视觉领域中，增加数据的方式是对图像旋转、缩放、剪切、添加噪声等。

（3）正则化：当参数太多，会导致模型复杂度上升，容易过拟合，也就是我们的训练误差会很小。正则化是指通过引入额外新信息来解决机器学习中过拟合问题的一种方法。这种额外信息通常的形式是模型复杂性带来的惩罚度。正则化有 L1 和 L2 两种形式。

（4）丢失：该方法在神经网络里面很常用，丢失方法是 ImageNet 中提出的一种方法，通俗一点讲就是丢失方法在训练的时候能让神经元以一定的概率不工作。

（5）提前停止：对模型进行训练的过程即是对模型的参数进行学习更新的过程，这个参数学习的过程往往会用到一些迭代方法，如梯度下降学习算法，提前停止便是一种迭代次数截断的方法来防止过拟合的方法（当正确率不再提高时，就停止训练），即在模型对训练数据集迭代收敛之前停止迭代来防止过拟合。

（6）集成学习算法：该方法也可以有效地减轻过拟合。集成学习算法通过平均多个模型的结果来降低模型的方差。集成学习算法不仅能够减小偏差，还能减小方差。

（7）重新清洗数据：从名字上也看得出就是把"脏"的数据"洗掉"，指发现并纠正数据文件中可识别的错误的最后一道程序，包括检查数据一致性，处理无效值和缺失值等。导致过拟合的一个原因也有可能是数据不纯导致的，如果出现了过拟合就需要我们重新清洗数据。

5.4.2 欠拟合问题

1. 问题定义

欠拟合是指模型在训练集、验证集和测试集上均表现不佳的情况。

2. 避免此类问题的手段

（1）模型复杂化。对同一个算法复杂化，例如，回归模型中添加更多的高次项，增加决策树的深度，增加神经网络的隐藏层数和隐藏单元数等；弃用原来的算法，使用一个更加复杂的算法或模型，如用神经网络来替代线性回归，用随机森林来代替决策树等。

（2）增加更多的特征。特征挖掘十分重要，尤其是具有强表达能力的特征，往往可以抵过大量的弱表达能力的特征使输入数据具有更强的表达能力。

（3）调整参数和超参数。神经网络中超参数，如学习率、学习衰减率、隐藏层数、隐藏层的单元数、Adam 优化算法中的 $\beta 1$ 和 $\beta 2$ 参数等；随机森林算法组的树数量、k-means 中的 cluster 数、正则化参数 λ 等。

（4）降低正则化约束。正则化约束是为了防止模型过拟合，如果模型压根不存在过拟合而是欠拟合了，那么就考虑是否降低正则化参数或者直接去除正则化项。

对于欠拟合模型，增加训练数据往往没有用，因为欠拟合本来就说明模型的学习能力不足，增加再多的数据效果提升也不会明显。

表 5-7　过拟合与欠拟合的实际效果

树叶训练样本	新样本	结果
		过拟合： 模型分类结果——不是树叶 （过度学习，以为树叶必须是锯齿边）
		欠拟合： 模型分类结果——是树叶 （学习能力差，以为绿色的都是树叶）

【机器算法的实际场景应用】

1. 实时聊天机器人代理

最早的自动化形式之一是聊天机器人（chatbots），通过一个软件来进行在线聊天应用的对话，包括文本到语音的转换。它通过允许人类与机器进行实质的对话，而机器可以根据人类提出的请求或要求采取行动。早期的聊天机器人遵循脚本规则，这些规则告诉机器人根据关键词采取什么行动。聊天机器人系统旨在令人信服地模拟人类作为对话伙伴的行为方式，通常需要进行不断地调整和测试，但是仍然无法进行充分交谈，也无法通过严格的图灵测试。

聊天机器人通常被广泛应用于对话系统中，以满足各种需求，包括客户服务、请求路由或信息收集。虽然某些聊天机器人应用程序采用广泛的单词分类过程、自然语言处理器和复杂的 AI，但大部分仅扫描通用关键字并从关联的库或数据库获得的常用短语生成响应。

许多高科技银行机构正在寻求将基于 AI 的聊天机器人的自动化解决方案集成到其客户服务中的方法，以便为越来越熟悉技术的客户提供更快，更便宜的帮助。特别是聊天机器人，其可以有效地进行对话，通常可以替代其他通信工具，例如电子邮件、电话或短信。在银行业务中，它们的主要应用涉及快速的客户服务、答复常见请求以及交易支持等方面。

2022 年沃丰科技联合中国信息通信研究院云计算与大数据研究所发布了《智能客服数字化趋势及央国企转型实践报告》（简称《报告》），以数字化为关键词，从市场现状、技术趋势、应用场景、行业挑战等维度对智能客服行业进行剖析。《报告》指出，传统企业的客服多依托人工提供相应的咨询和服务，在销售过程中以"人海战术"为主要获客模式。相关统计显示，90%以上的销售通话时长小于 60 秒，客户销售普遍面临人力成本高、获客及运营效率低、数据分析能力薄弱等瓶颈问题。同时，《报告》指出，借助技术优势，智能客服不仅帮助企业与客户建立了智能、快捷、有效的沟通手段，提供统计分析信息以提升企业的精细化管理水平，甚至还成为企业数字化转型的突破口，特别是对具有转型刚需的央国企而言。

需要注意的是，智能客服虽然解决了企业诸多痛点，但现阶段仍无法完全独立运行。《报告》提到，很多智能客服企业着急上线未经打磨的机器人，急于关闭或收紧人工客服的规模。但实践证明，制定合适的调试策略更能实现理想效果，比如机器人会话与人工客服相结合，就能很好弥补部分场景中智能客服机器人无法独立响应用户问题的窘境。

如今，大多数聊天机器人都可以通过网站弹出窗口或虚拟助手（例如 Google Assistant、Amazon Alexa）或消息传递应用程序（如 WeChat）进行在线访问。聊天机器人通常按照使用类别分类，包括商业（通过聊天进行的电子商务）、教育、娱乐、金融、健康、新闻和生产力等领域。

2. 决策支持

决策支持是另一个重要领域，机器学习可以帮助企业将其拥有的大量数据转化为具有可操作性的指导意见，从而实现价值。在这里，机器学习技术可以基于历史数据和任何其他相关数据集的处理算法进行信息分析，并以人类无法达到的规模和速度运行多个场景，从而提出有关最佳行动方案的建议。业内专家指出，它不能完全代替人类，而是作为辅助工具帮助人们把事情做得更好。

在医疗保健行业，采用机器学习的临床决策支持工具能指导临床医生进行诊断并选择合适的治疗方法，提高护理人员的效率和提升治疗结果。在农业领域，基于机器学习的决策支持工具整合了气候、能源、水、资源和其他相关因素的数据，能够帮助农民做出更科学的作物管理决策。在商业中，决策支持系统能够帮助管理层预测市场发展趋势、识别潜在问题并加快决策过程。

3. 客户流失模型

企业运用人工智能和机器学习技术，可以预测客户关系何时开始恶化，并找到解决方案。这种新型机器学习方式能帮助公司处理最古老的业务难题之一：客户流失。

在这一过程中，算法从大量的历史、人数统计和销售数据中找出规律，确定并理解一家公司为什么会失去客户。然后，公司就可以利用机器学习能力来分析现有客户的行为，以提醒业务人员哪些客户存在着将业务转移到别处的风险，从而找出这些客户离开的原因，并决定公司应该采取什么措施留住他们。流失率对于任何企业来说都是一个关键的绩效指标，对于订阅型和服务型企业来说尤为重要，例如新闻媒体公司、音乐和电影流媒体公司、软件即服务公司以及电信公司都是该技术的主要服务对象。

4. 图像分类和图像识别

各组织机构也开始求助于机器学习、深度学习和神经网络的帮助，以理解图像信息。这种机器学习技术有着广泛的应用，如社交网站希望给其网站上的照片自动贴上标签，安全团队想要自动实时识别犯罪行为，自动化汽车需要确保其能安全的驾驶等。

在最常见的分类场景中，比如对常见交通工具以及各种动物的分类等，真实的自然场景总是复杂多变的，光线有强有弱，物体形状也会因观察角度不同而有各种变化，故同一个物体在图像上的呈现也有所差异，更不用说模糊、遮挡等因素的干扰，所以真实场景几乎包含了各种可能。

5. 微博传播规模和传播深度预测

一条微博在发布之后，根据观察其在之后一小段时间内的转发情况，便可以预测它的传播规模。然而，不同类型的微博的传播方式也不尽相同，如某高人气明星在微博上发布一张生活状态图，就能得到上百万粉丝的热捧，传播广度极大，但是往往其所发布的内容的传播深度上稍显不足；相比之下，一些社会热点新闻类微博往往具有较深的传播深度。另外，有统计结果表明，一些谣言往往会得到大规模的传播，辟谣类的消息反而得不到广泛关注。简而言之，微博初期的传播速度、用户关系、信息类型、内容情感等特征都是影响微博传播规模和深度的重要影响因素。

通过微博内容，结合转发评论点赞该微博的用户的关注关系、微博的内容类型和情感分析以及初期的传播模式，来预测微博的传播规模和传播深度。

本章小结

本章深入探讨了机器学习的核心概念、与大数据技术的紧密联系以及其发展历程，为读者提供了一个全面而宏观的机器学习视角。

在监督式学习部分，本章详细解读了其基本概念、适用的场景以及常用的算法，并进一步分析了各类算法的特点。监督式学习基于已标记的数据进行模型训练，用以实现准确的预测或分类。这种学习方式在实际应用中极为广泛，例如在金融风控、医疗诊断等领域都产生了显著的应用效果。

在非监督式学习领域，本章同样展开了深入的介绍，包括其定义、适用场景及常见算法等。非监督式学习处理的是未标记的数据，它能够挖掘数据中隐藏的结构信息，广泛应用于市场细分、社交网络分析等场景。

为了帮助读者更好地理解和应用机器学习技术，本章还介绍了数据样本划分的原则、模型评估的方法，以及如何处理模型的过拟合/欠拟合问题。这些内容为读者提供了实用的指导，有助于在实践中避免常见的陷阱，提升模型的性能和泛化能力。

总的来说，本章为读者提供了一个较为全面且浅显易懂的机器学习知识体系，不仅涵盖了基础理论，还包括了实践中的应用指导点。

思考与练习

一、选择题

1. 有监督式学习常见的算法包含（　　　）。
   A. KNN　　　　　　　　　　B. K-Means
   C. 决策树　　　　　　　　　D. 逻辑回归

2. 无监督学习和有监督学习最大的区别在于（　　）。

   A. 无监督学习使用目标变量和解释变量

   B. 无监督学习仅使用目标变量

   C. 有监督学习仅使用目标变量

   D. 有监督学习仅使用解释变量

3. 现在有一组天鹅的特征数据，然后对模型进行训练。模型通过学习后得知：有翅膀嘴巴长的就是天鹅。之后使用该模型进行预测，该模型可能会将所有符合这两个特征的动物都预测为天鹅，比如鹦鹉、山鸡等，这就导致了误差的产生。请问这种情况属于（　　）。

   A. 模型过拟合　　　　　　　　B. 模型欠拟合

   C. 模型参数过于复杂　　　　　D. 模型原始特征过多

4. 机器学习的流派包含（　　）。

   A. 符号主义　　　　　　　　　B. 行为类推主义

   C. 联结主义　　　　　　　　　D. 进化主义

5. 大数据和机器学习的关系是（　　）。

   A. 先有机器学习算法，再有大数据

   B. 大数据是机器学习算法实践的前提

   C. 大数据与机器学习相辅相成

   D. 机器学习领域包含大数据

二、简答题

1. 你能提出机器学习中的四个主要挑战吗？
2. 最常见的两种监督式学习任务是什么？
3. 什么是交叉验证？它为什么比验证集更好？

第 6 章

大数据挖掘

 本章导读

随着数据信息技术的发展与普及，每时每分每秒都在生成数据，本章介绍数据采集的概念与方法、数据预处理技术、数据挖掘方法与流程、数据挖掘技术在各个领域的应用等内容。

 学习目标

（1）熟悉大数据挖掘的基本概念、了解大数据挖掘技术。
（2）掌握大数据挖掘的流程和常用工具。
（3）了解大数据预处理和特征工程对数据挖掘的重要意义。

 思政目标

（1）数据预处理的结果对数据挖掘的结果，乃至最终的商业分析结果影响巨大，加强对大数据采集与预处理技术的了解，培养大数据素养和探究意识。
（2）关心国家数字化战略部署，以及各行各业的数字化转型发展需求，增强使命感，激发爱国情怀。

6.1 数据挖掘的流程

数据挖掘的流程就是从大量数据中获取有效的、新颖的、潜在有用的、最终可理解的模式的非平凡过程。简单地说，数据挖掘就是从大量数据中提取或"挖掘"知识。此过程包括以下六个基本步骤进行定义：

1. 定义问题、明确目标

在实施数据挖掘之前，研究人员需要对目标问题进行定义，并制定研究方案，了解需要通过数据挖掘解决的问题是什么。比如对于餐饮行业，如何准备每天的食材供应量，使得餐厅避免食材的浪费和材料紧缺问题。

2. 采集数据

在明确研究目标或问题后，下一步就需要采集相关的数据。采集的数据以及采集数据的方法都与问题的解决方法有着紧密的关系，搜索数据的过程也称为数据采集过程，数据采集过程影响着后续工作的开展。比如和餐饮相关的数据：

食材数据<食材名称，采购时间，采购数量，采购金额，当天剩余量等>。

经营数据<经营时间，预定时间，预定台数，预定人数，上座台数，上座人数等>。

其他数据<天气情况，交通便捷性，是否为节假日，用户口碑等>。

3. 数据清洗

数据清洗也叫作数据预处理，一般进行的数据清洗包括选择子集，列名重命名，删除重复值，缺失值处理，一致化处理，数据排序处理，异常值处理等。

4. 构建模型

数据的质量决定了数据挖掘和分析结果的质量，通常建模前的数据准备阶段占整个数据挖掘流程近80%的时间。数据在经过预处理和特征工程之后，需要考虑以什么样的模型能进行建模。大多数的数据挖掘任务可以分成两类，分类型预测任务和回归型预测任务，使用的数据挖掘技术根据任务类型进行选择。

分类模型：逻辑回归，KNN（K近邻），决策树等。

回归模型：线性回归，支持向量回归，岭回归等。

5. 模型评估

通过数据分析以及参数的调整，可以得到模型或者方案，需要从模型中挑选出具有最好性能的模型，通过这个最佳的模型能更好地反映数据的真实性。例如，有的预测或分类模型，在训练集中的准确率很高，但在测试集中的准确率很一般，说明该模型存在过拟合情况。

6. 部署和更新模型

通常模型的构建和评估完成后，还需要进行应用部署。尽管模型的构建和评估是数据挖掘工程师所擅长的，但是这些挖掘出来的模式或规律是给真正的业务方或客户服务的，故需要将这些模式重新部署到系统中。

6.1.1 数据清洗

数据清洗是整个数据分析过程中不可缺少的一个环节，其结果质量直接关系到模型效果和最终结论。一般数据清洗需要 7 个步骤：选择子集，列名重命名，删除重复值，缺失值处理，一致化处理，数据排序处理，异常值处理。

1. 选择子集

选择子集是指选择需要进行分析的数据集中的指定数据列，为避免干扰可对其他不参与分析的数据列进行隐藏处理。

2. 列名重命名

若数据集中出现同样列名称，或含义相同的两个列名，为避免干扰分析结果，则需要针对某一个数据列的列名进行重命名。

3. 删除重复值

删除数据中的重复数据值，注意只会保留重复数据中的第一条数据。

4. 缺失值处理

（1）删除法：当缺失的观测比例非常低时（如5%以内），直接删除存在缺失的观测；或者当某些变量的缺失比例非常高时（如85%以上），直接删除这些缺失的变量。

（2）替换法：用某种常数直接替换那些缺失值。例如，对连续变量而言，可以使用均值或中位数替换；对于离散变量，可以使用众数替换。

（3）插补法：根据其他非缺失的变量或观测来预测缺失值。常见的插补法有回归插补法、K近邻插补法、拉格朗日插补法等。

5. 一致化处理

数据集中会存在某一个数据列的数据值标准与命名规则与其他不一致的情况，可以使用分列功能将不一致的数据列中的数据值进行拆分。

6. 数据分组和排序

根据实际需求，对数据进行分组和排序，以便后续的分析和处理。

7. 异常值处理

异常值是指那些远离正常值的观测，即"不合群"的观测。

1）异常值检测方法

（1）简单统计量分析：通过计算统计量值，如观察最大最小值是否合理，来检测异常值。

（2）拉依达（3σ）准则：这是基于正态分布的参数，所谓3σ准则就是将不落在±3σ内的值认为是异常值，因为它们发生的概率仅为0.3%。

（3）基于模型检测：首先建立一个数据模型，异常值是那些同模型不能完美拟合的对象；如果模型是簇的集合，则异常值是不显著属于任何簇的对象；在使用回归模型时，异常值是相对远离预测值的对象。

（4）基于距离检测：通过在对象之间定义临近性度量，异常对象是那些远离其他对象的对象。

（5）基于聚类的检测：一个对象如果不属于任何簇，或者与任何簇的相似度都很低，那么它可以被认为是基于聚类的离群点。利用聚类算法进行异常检测的基本思想是，将数据聚集为多个簇，并认为落在这些簇之外的点是异常值。这种方法不需要事先标记的数据，因此特别适用于无标签或新领域的数据探索。

2）处理异常值常用的方法

（1）删除异常值：明显看出为异常且数量较少可以直接删除。

（2）不处理：如果算法对异常值不敏感，则可以不处理；但如果算法对异常值敏感，如基于距离计算的一些算法（包括 K-means，KNN 等），则最好不要采用这种方法。

（3）平均值替代：损失信息小，简单高效。

（4）视为缺失值：可以按照处理缺失值的方法来处理。

6.1.2 数据转换

数据转换是将数据从一种格式或结构转换为另一种格式或结构的过程。数据转换对于数据集成和数据管理等活动至关重要。

1. 特征编码

模型输入的特征值通常需要是数值型的，所以需要将非数值型特征转换为数值特征，如性别、职业、收入水平、国家、汽车使用品牌等。特征编码包括数字编码、One-Hot 编码、哑变量编码方法。

1）数字编码

一种简单的数字编码方法是从 0 开始，为特征的每一个取值赋予一个整数。对于等级型特征，按照特征取值从小到大进行整数编码，可以保证编码后的数据保留原有的次序关系。例如：

原特征：收入水平={贫困，低收入，小康，中等收入，富有}；

编码后特征：收入水平={0，1，2，3，4}；

其缺点是引入了次序关系。

对于名义型特征，上述数字编码方法可能会产生一些问题。例如，汽车品牌={路虎，吉利，奥迪，大众，奔驰}，经过数字编码后转换成：汽车品牌={0，1，2，3，4}。在使用编码后的数据进行分析时，相当于给原本不存在次序关系的"汽车品牌"特征引入了次序关系。这可能会导致后续建模分析结果错误。例如，吉利与路虎之间的"距离"比奔驰与路虎之间的"距离"较小，因为我们在编码时将路虎编码为 0，吉利编码为 1，奔驰编码为 4。为了避免上述误导性的结果，对于离散型特征（特别是名义型特征），可以使用另外一种编码方法：One-Hot 编码。

2）One-Hot 编码

独热编码（One-Hot Encoding）是一种编码方法，主要用于将类别特征（或称为离散特征、无序特征）转换为机器学习算法能够理解的格式。

在机器学习中，经常遇到分类特征，如性别、国籍、职业等。这些特征通常是离散且无序的，而许多机器学习算法需要数值输入才能工作。为了解决这个问题，独热编码应运而生。独热编码的核心思想是使用二进制向量来表示每个类别特征，其中只有一个元素为 1（表示该类别的存在），其余元素均为 0。这样，每个类别都由一个独立的二进制向量表示。

举个例子，假设有一个分类特征——"颜色"，包括"红""蓝""绿"三种，在进行独热编码后,这些颜色会被转换成如下的二进制向量:红色(100);蓝色(010);绿色(001)。每种颜色都被表示成一个三维的二进制向量,且每个向量中只有一个1,其他位置上都是0。

使用独热编码的好处在于它能解决分类数据处理问题,并避免引入数值偏误。具体来说,独热编码有以下几个优点:

(1)解决分类数据处理问题:独热编码将离散分类特征转换为二进制格式,使机器学习算法能更好地处理这些特征,因为它们在处理数值型输入时表现更好。

(2)避免引入数值偏误:通过为每个类别分配独立的二进制向量,独热编码避免了模型基于错误数值关系的预测。比如,直接将颜色转换为整数标签(如红=1,蓝=2,绿=3)可能导致模型错误地认为"绿色大于蓝色",而使用独热编码则不存在这种误解。

(3)适应不同算法要求:有些算法对输入特征有特定要求。例如,线性模型和神经网络在处理离散特征时,通常需要其为数值形式。独热编码确保了这些算法能够正确理解非数值分类特征。

然而,独热编码也存在一些缺点,主要体现在维度增加和信息损失风险上:

维度增加:当类别数量较多时,独热编码会显著增加特征空间的维度。例如,如果一个分类特征有 n 个不同取值,那么进行独热编码后就会增加 n 个新的特征。这不仅增加了模型的复杂性,还可能导致过拟合问题。

信息损失风险:独热编码可能无法充分捕捉类别间的潜在关系或顺序信息。例如,如果有一个序数型特征,如评级(低、中、高),使用独热编码会丢失这些级别间的顺序关系,从而在某些情况下导致有用信息的丢失。

总的来说,独热编码是一种有效的数据预处理技术,用于处理机器学习中的分类特征。它通过将每个类别转换为独立的二进制向量,确保模型能够正确理解这些特征而不受数值关系误导。尽管存在维度增加和信息损失的问题,但通过合理应用和权衡,独热编码通常能够帮助提升模型的性能和准确性。

2. 数据标准化

为什么要进行数据标准化呢?在一些数据分析场景中,我们需要计算样本之间的相似度。如果样本的特征之间的量纲差异太大,样本之间相似度评估的结果将会受其影响,从而导致对样本相似度的计算存在偏差。因此,数据的标准化是数据分析流程中的重要步骤。常用的数据标准化方法有:Z-score 标准化、Min-Max 标准化、小数定标标准化和 Logistic 标准化。

6.1.3 数据脱敏

数据作为重要的生产要素,是信息的载体,数据间的流动也潜藏着较高的价值信息。对于数据掌握者和数据处理者而言,最大化数据流动的价值是数据挖掘的初衷和意义。然而,随着一系列信息泄漏事件的曝光,数据安全问题越来越受到广泛关注。

数据脱敏(Data Masking),顾名思义,是指屏蔽敏感数据,对某些敏感信息(比如,身份证号、手机号、卡号、客户姓名、客户地址、邮箱地址、薪资等)通过脱敏规则进行数据的变形,实现隐私数据的可靠保护,如图 6-1 所示。业界常见的脱敏规则有替换、重排、加密、截断、掩码等，用户也可以根据期望的脱敏算法自定义脱敏规则。

而良好的数据脱敏结果，需要遵循以下两个原则：第一，尽可能地为脱敏后的应用保留脱敏前的有意义信息；第二，最大程度地防止黑客进行破解。

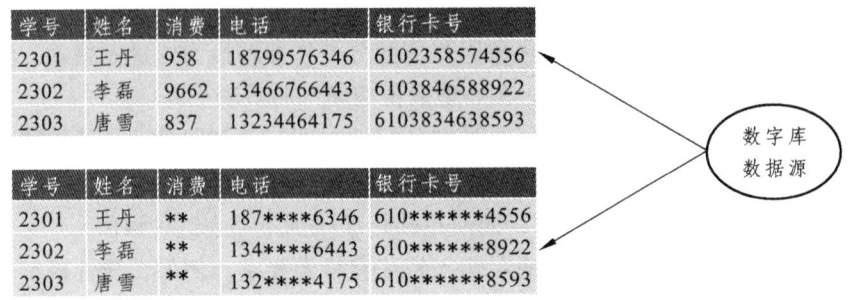

图 6-1　数据脱敏示意图

注：图中姓名、电话、银行卡号均为虚构。

6.2　数据挖掘技术

6.2.1　数据挖掘基础理论

数据挖掘（Data Mining）是指从大量的、不完全的、有噪声的、模糊的、随机的数据中提取隐含在其中的、人们事先不知道的、但又有用的信息和知识的过程。

1. 数据挖掘对象

1）数据的相关概念

数据对象，又称样本、实例、数据点或对象，以数据元组的形式存放在数据库中，数据库的每一行对应一个数据对象，每一列对应一个属性。

现实中的数据通常包含噪声，规模庞大，并且可能来源于多种不同的数据源，如不同的数据库结构、多样化的文件格式或各类传感器。

数据集由数据对象组成，一个数据对象代表一个实体。

数据对象的属性是一个数据字段，表示数据对象的特征，在文献中，属性（attribute）、维度（dimension）、特征（feature）、变量（variance）等术语可以互换使用。维度一般用在数据仓库中，特征一般用在机器学习中，变量一般用在统计学中。

一个属性的类型由该属性可能具有的值的集合决定，可以是标称的、二元的、序数的、数值的。

2）挖掘的对象

根据信息存储格式，用于数据挖掘的对象有关系数据库、面向对象数据库、数据仓库、文本数据源、多媒体数据库、空间数据库、时态数据库、异质数据库以及互联网等。

2. 数据挖掘流程

（1）定义问题：清晰地定义出业务问题，确定数据挖掘的目的。

（2）数据准备：

选择数据——在大型数据库和数据仓库目标中提取数据挖掘的目标数据集；

数据预处理——进行数据再加工，包括检查数据的完整性及数据的一致性，去噪声，填补丢失的域，删除无效数据等。

（3）数据挖掘：根据数据功能的类型和数据的特点选择相应的算法，在净化和转换过的数据集上进行数据挖掘。

（4）结果分析：对数据挖掘的结果进行解释和评价，转换成为能够最终被用户理解的知识。

3. 数据挖掘分类

（1）直接数据挖掘：目标是利用可用的数据建立一个模型，这个模型对剩余的数据中的一个特定的变量（可以理解成数据库中表的属性，即列）进行描述。

（2）间接数据挖掘：目标并非是针对某一特定变量用模型进行描述，而是在所有的变量中建立起某种关系。

6.2.2 数据挖掘与建模的常用算法

1. 神经网络方法

神经网络本身具备良好的鲁棒性，自组织自适应性以及并行处理、分布存储和高度容错等特性，非常适合解决数据挖掘的问题，因此近年来越来越受到人们的关注。

2. 遗传算法

遗传算法是一种基于生物自然选择与遗传机理的随机搜索算法，即一种仿生全局优化方法。遗传算法具有的隐含并行性以及易于和其他模型结合等性质使得它在数据挖掘中被广泛应用。

3. 决策树方法

决策树是一种常用于构建预测模型的算法，它通过将大量数据有目的分类，从中找到一些有价值的，潜在的信息。它的主要优点是描述简单，分类速度快，特别适合大规模的数据处理。

4. 粗集方法

粗集理论是一种研究不精确、不确定知识的数学工具。粗集方法有几个显著优点：无须给出额外信息；简化输入信息的表达空间；算法简单，易于操作。粗集处理的对象是类似二维关系表的信息表。

5. 覆盖正例排斥反例方法

该方法利用覆盖所有正例、排斥所有反例的思想来寻找规则。具体过程是在正例集合中任选一个种子，然后在反例集合中逐个比较。与字段取值构成的选择子相容则舍去，相反则保留。按此思想循环处理所有正例种子，最终得到正例的规则（选择子的合取式）。

6. 统计分析方法

在数据库字段项之间存在两种关系：函数关系和相关关系。对它们的分析可采用统计学方法，即利用统计学原理对数据库中的信息进行分析，包括常用统计、回归分析、相关分析、差异分析等。

7. 模糊集方法

该方法利用模糊集合理论对实际问题进行模糊评判、模糊决策、模糊模式识别和模糊聚类分析。系统的复杂性越高，模糊性就越强。"模糊集理论与传统集合理论不同，它允许一个元素以一定的隶属度属于某个集合，这个隶属度通常在 0 到 1 之间。这种理论可以更好地表达现实中的许多不精确性概念，如"年轻""高大"等。

6.2.3 数据挖掘任务

1. 关联分析

当两个或两个以上变量的取值之间存在某种规律性时，就称之为关联。数据关联是数据库中存在的一类重要的、可被发现的知识。关联分为简单关联、时序关联和因果关联。关联分析的目的是找出数据库中隐藏的关联网络。一般用支持度和可信度两个阈值来度量关联规则的相关性，还不断引入兴趣度、相关性等参数，使得所挖掘的规则更符合需求。

2. 聚类分析

聚类是把数据按照相似性归纳成若干类别，使得同一类中的数据彼此相似，不同类中的数据相异。聚类分析有助于建立宏观的概念，发现数据的分布模式，以及可能的数据属性之间的相互关系。

3. 分类

分类就是找出一个类别的概念描述，它代表了这类数据的整体信息，即该类的内涵描述，并用这种描述来构造模型，一般用规则或决策树模式表示。分类是利用训练数据集通过一定的算法而求得分类规则。分类可被用于规则描述和预测。

4. 预测

预测是利用历史数据找出变化规律，建立模型，并由此模型对未来数据的种类及特征进行预测。预测关心的是精度和不确定性，通常用预测方差来度量。

5. 时序模式

时序模式是指通过时间序列搜索出的重复发生概率较高的模式。与回归一样，它也是用已知的数据预测未来的值，但这些数据的区别在于变量所处时间的不同。

6. 偏差分析

在偏差中蕴含很多有用的知识，数据库中的数据存在很多异常情况，发现这些异常情况是非常重要的。偏差检验的基本方法就是寻找观察结果与参照之间的差别。

6.2.4 数据挖掘与相关领域的关系

数据挖掘技术可以为决策制定、过程控制、信息管理和查询处理等任务提供支持。一个有趣的应用范例是"尿布与啤酒"的故事。为了分析顾客最有可能一起购买哪些商品，一家名叫 WalMart 的公司利用自动数据挖掘工具，对数据库中的大量数据进行分析后，意外发现跟尿布一起购买最多的商品竟是啤酒。为什么两种看似毫无关联的商品会被人一起购买呢？原来，太太们常叮嘱她们的丈夫下班后为小孩买尿布，而丈夫们在购买尿布后往往会带回几瓶啤酒。既然尿布与啤酒被一起购买的机会最多，商店就将它们摆放在一起，结果，尿布与啤酒的销售量双双增长。这个例子中，数字挖掘技术功不可没。一般来说，大数据挖掘的应用领域广泛，如在电信行业，大数据挖掘技术可用于研究客户流失问题，在金融行业可用于研究用户信用评分、客户精准细分、产品交叉销售最优化、信用卡欺诈探测；在零售行业可用于购物篮分析；在电子商务行业可用于网站日志分析；同时，大数据挖掘技术也常常被政府部门和机关单位用于偷税漏税行为探测、犯罪行为分析等。

1. 电子政务的数据挖掘

建立电子化政府，推动电子政务的发展，是电子信息技术应用到政府管理的必然趋势。实践经验表明，政府部门的决策越来越依赖于对数据的科学分析。电子政务包括政府的信息服务、电子贸易、电子化政府、政府部门重构、群众参与 5 个方面的内容。发展电子政务，建立决策支持系统，利用电子政务综合数据库中存储的大量数据，通过建立正确的决策体系和决策支持模型，可以为各级政府的决策提供科学的依据，从而提高各项政策制定的科学性和合理性，以达到提高政府办公效率、促进经济发展的目的。

1）政府的电子贸易

在服务器以及浏览器端日志记录的数据中隐藏着模式信息，运用挖掘技术可以自动发现系统的访问模式和用户的行为模式，从而进行预测分析。例如，通过评估用户对某一信息资源浏览所花费的时间，可以判断出用户对何种资源感兴趣；对日志文件所收集到的域名数据，可以根据国家或类型进行分类分析；应用聚类分析来识别用户的访问动机和访问趋势等。这项技术已经有效地运用在政府电子贸易中。

2）网站设计

通过对网站内容的挖掘，主要是对文本内容的挖掘，可以有效地组织网站信息，如采用自动归类技术实现网站信息的层次性组织；同时可以结合对用户访问日志记录信息的挖掘，把握用户的兴趣，从而有助于开展网站信息推送服务以及个人信息的定制服务，吸引更多的用户。

3）搜索引擎

网络数据挖掘是目前网络信息检索发展的关键。如通过对网页内容挖掘，可以实现对网页的聚类、分类，实现网络信息的分类浏览与检索；同时，通过对用户所使用的提问式的历史记录的分析，可以有效地进行提问扩展，提高用户的检索效果；另外，运用网络内容挖掘技术改进关键词加权算法，提高网络信息的标引准确度，从而改善检索效果。

4)决策支持

数据挖掘为政府重大政策出台提供决策支持。例如,通过对网络各种经济资源的挖掘,确定未来经济的走势,从而制定出相应的宏观经济调控政策。

2. 市场营销的数据挖掘

市场营销的数据挖掘是一个利用数据挖掘技术来分析市场数据,以支持营销决策的过程。它涵盖了多个步骤,从数据收集到模型应用,最终目的是发现潜在的客户群体,理解购买模式,并推动营销策略的制定。许多大型公司在原有信息系统基础上,通过数据挖掘对业务信息进行深加工,以构筑自己的竞争优势,提高自己的营业额。

其中,常见的电商平台的用户行为分析便是数据挖掘技术的应用之一。作为国内领先的电商平台,阿里巴巴运用用户行为数据分析来优化其营销策略。通过对用户搜索、浏览、购买行为的深入挖掘,阿里巴巴能够精准推荐产品,提高用户的购物体验和平台的转化率。

京东利用用户的购物数据,通过关联规则挖掘发现商品之间的购买关联性,据此进行捆绑销售或推荐,有效提升了销售额和客户满意度。

此外,在社交媒体数据分析应用中,新浪微博通过文本挖掘和情感分析,对用户发表的内容进行分析,识别公众情绪和趋势,帮助品牌进行市场定位和广告投放。微信通过公众号平台收集用户互动数据,采用自然语言处理技术分析用户反馈,优化内容发布策略,提升用户参与度和忠诚度。

而对于快速消费品市场的趋势预测也需要数据挖掘技术的支撑,宝洁公司运用市场篮子分析和时间序列分析,对消费者购买行为进行分析,预测产品销售趋势,优化库存管理和促销策略。

这些案例显示,数据挖掘技术在国内市场营销领域的应用日益成熟,不仅帮助企业更好地理解客户需求,还能预测市场趋势,优化产品服务,实现精准营销。随着大数据技术的进一步发展,预计未来数据挖掘将在市场营销中发挥更加重要的作用。

3. 银行业的数据挖掘

数据挖掘技术在金融领域应用广泛。金融事务需要搜集和处理大量数据,对这些数据进行分析,发现其数据模式及特征,进而可能发现某个客户、消费群体或组织的金融和商业兴趣,同时可观察金融市场的变化趋势。商业银行业务的利润和风险是共存的。为了保证最大的利润和最小的风险,必须对账户进行科学地分析和归类,并进行信用评估。Mellon 银行使用数据挖掘软件提高销售和定价金融产品的精确度,如家庭普通贷款。零售信贷客户主要有两类,一类很少使用信贷限额(低循环者),另一类能够保持较高的未清余额(高循环者)。每一类都具有挑战。低循环者代表缺省和支出注销费用的危险性较低,但会带来极少的净收入或负收入,因为他们的服务费用几乎与高循环者的相同。银行常常为他们提供项目,鼓励他们更多地使用信贷限额或找到交叉销售高利润产品的机会。高循环者由高和中等危险元件构成。高危险分段具有支付缺省和注销费用的潜力。对于中等危险分段,销售项目的重点是留住可获利的客户并争取能带来相同利润的新客户。但根据新观点,用户的行为会随时间而变化。分析客户整个生命周期的费用和收入就可以看出谁最具创利潜能。

本章小结

在本章的开端回顾了数据采集与预处理的关键步骤，其中特别关注了数据清洗、数据转换和数据脱敏等关键环节。随后，本章从数据挖掘的目标、流程以及任务分类等多个角度，深入解析了数据挖掘的基础理论框架。

在数据挖掘技术与建模方面，本章介绍了众多主流算法，如神经网络、遗传算法、决策树、粗集方法、覆盖正例排斥反例方法、统计分析、模糊集等。这些算法各有千秋，能够应对不同类型的数据挖掘需求。

数据挖掘的任务领域广泛，涵盖了关联分析、聚类分析、分类、预测、时序模型、偏差检测等多个方面。每个任务领域都有其独特的应用场景和技术挑战，对于使用者来说，理解这些任务的特性和需求至关重要。

为了更具体地阐述数据挖掘技术的实际应用价值，本章还通过电子政务、市场营销和银行业三个典型案例，展示了数据挖掘在不同行业中的实际运用情况。这些案例不仅体现了数据挖掘技术的广泛应用，还揭示了其在提升行业效率、驱动创新等方面的巨大潜力。

综上所述，数据挖掘作为一门跨学科的技术，它的发展和应用正在深刻地改变着人们的生活和工作方式。随着技术的不断进步和数据的日益丰富，数据挖掘将在未来的数字化世界中扮演越来越重要的角色。

思考与练习

一、选择题

1. 数据挖掘中常见问题的解决方法涵盖了（　　　）。
   A. 数据质量清洗　　　　　　B. 特征选择
   C. 不平衡数据　　　　　　　D. 隐私和安全
2. 异常值检测方法下述包括（　　　）。
   A. 箱型图　　　　　　　　　B. 3拉依达法则
   C. 独热编码　　　　　　　　D. 拉格朗日插值法
3. 超市经营中，寻找商品之间组合销售的关联性研究，可选用（　　　）。
   A. 决策树算法　　　　　　　B. 多元回归算法
   C. 神经网络算法　　　　　　D. 关联规则算法
4. 机构和企业收集的个人身份信息、手机号码、银行卡信息等，为保护信息安全，需要进行（　　　）处理。
   A. 数据转换　　　　　　　　B. 数据脱敏
   C. 数据清洗　　　　　　　　D. 数据去重
5. 下面属于一手数据的是（　　　）。
   A. 实验数据　　　　　　　　B. 省统计局最新数据
   C. 抽查数据　　　　　　　　D. 论文中罗列的数据

二、判断题

1. 大数据挖掘与分析中可能面临的最大的挑战是数据不合格，字段空置率过高，字段缺失等使得数据达不到分析条件。（   ）

2. 因为需要计算距离，所以决定了 K-means 算法只能处理数值型数据，而不能处理分类属性型数据。（   ）

3. 聚类算法的类别数量的确定是随机的。（   ）

4. 决策树算法只能解决分类型任务。（   ）

5. 时序模式是指通过时间序列搜索出的重复发生概率较高的模式。（   ）

三、简答题

1. 常见的大数据挖掘技术有哪些？
2. 构建一个数据挖掘模型，主要分为哪几个步骤？
3. 数据分析与数据挖掘的区别和联系是什么？
4. 请简述聚类算法的流程。
5. 请对智慧城市建设中可能会使用的大数据挖掘技术进行阐述。

第 7 章 大数据可视化

 本章导读

　　数据可视化的意义在于帮助人更好地分析数据，信息的质量很大程度上依赖于其表达方式。在大数据可视化这个概念还没出现之前，其实人们对于数据可视化的应用便已经很广泛了，大到人口数据统计，小到学生成绩展示，都可通过可视化展现，进而探索其中规律。如今，信息可以用多种方法来进行可视化呈现，每种可视化方法都有着不同的侧重点。在大数据时代，当你准备处理数据时，首先要明确的问题是：我们打算通过数据向用户传达怎样的信息和故事？数据可视化之后又在表达什么？通过这些数据，能为你后续的工作提供哪些指导？是否能帮用户正确地抓住重点，了解行业动态？了解这些之后，便能选择合理的数据可视化方法，高效传达数据，使数据真正发挥其价值。

　　本章主要介绍大数据可视化的基础概念特征、大数据可视化技术及大数据可视化工具等内容。

 学习目标

（1）熟悉大数据可视化的概念与基本特征。
（2）掌握大数据可视化的类别与方法。
（3）了解大数据可视化对大数据发展的重要意义。

 思政目标

（1）学习大数据可视化的基础知识，加强对大数据思维意识的培养，激发学习兴趣。
（2）了解我国数字化战略部署，以及各行各业的数字化转型发展需求，激发爱国情怀。

7.1 大数据可视化基础

7.1.1 大数据可视化的概念

数据可视化是关于数据视觉表现形式的科学技术研究，这种数据的视觉表现形式被定义为以某种概要形式抽取出来的信息，包括相应信息单位的各个属性和变量。数据可视化涉及计算机视觉、图像处理、计算机辅助设计和计算机图形学等多个领域，是一项研究数据表示、数据处理和决策分析等问题的综合技术。

数据可视化的思想是将数据库中的每一个数据项作为单个图元元素表示，大量的数据集则构成数据图像，同时将数据的各个属性值以多维数据的形式表示出来，以便从不同的维度观察数据，从而对数据进行更深入的观察和分析。

在大数据时代，数据变得规模巨大且繁杂，要想发现数据中包含的信息或知识，可视化是非常有效的途径。数据可视化中的数据类型不再只是结构化数据，还包含非结构化和半结构化数据，而且表现形式多种多样，并非只有统计图表方式。

数据可视化的应用标准包含四个方面：① 直观化，将数据直观、形象地呈现出来；② 关联化，突出呈现数据之间的关联性；③ 艺术性，使数据的呈现更具有艺术性、更符合审美规则；④ 交互性，实现用户与数据的交互，方便用户控制数据。

7.1.2 大数据可视化的基本特征

大数据的可视化既有一般数据可视化的基本特征，也有其本身特性带来的新要求，其特征主要表现在以下方面，如图 7-1 所示。

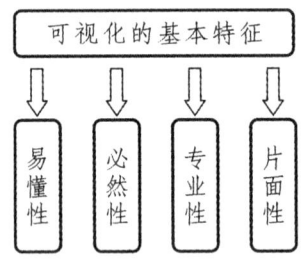

图 7-1 大数据可视化的基本特征

1. 易懂性

将数据进行可视化分析，可以使其更加容易被人们理解和接受，更易于与人们的经验知识产生关联，使得碎片化的数据转换为具有特定结构的知识，从而为决策支持提供帮助。

2. 必然性

当今大数据所产生的数据量已远远超出了人们直接阅读和操作的能力范围，这必然要求人们对数据进行归纳总结，对数据的结构和形式进行转化处理。

3. 片面性

数据可视化往往是从特定视角或者需求认识数据的,从而得到符合特定目的的可视化模式,所以,其只能反映数据规律的一个方面。数据可视化的片面性特征决定了可视化模式不能替代数据本身,只能作为数据表达的一种特定形式。

4. 专业性

数据可视化与专业知识紧密相连,其形式需求也是多种多样的,如网络文本、电商交易、社交信息、卫星影像等。专业化特征是人们从可视化模型中提取专业知识的环节,它是数据可视化应用的最后流程。

7.1.3 大数据可视化的作用

在大数据时代,数据容量和复杂性不断增加,限制了人们从大数据中直接获取知识的能力,可视化的需求越来越强烈,依靠可视化手段进行数据分析已成为大数据分析流程的主要环节之一。大数据可视化的具体作用如下:

1. 观测跟踪数据

许多实际应用中数据的量已经远远超出人脑可以理解与消化吸收的范围,对于不断变化的多个参数值,如果还是以枯燥数值的形式呈现,人们必将茫然无措。利用变化的数据生成实时变化的可视化图表,可以让人们看到各种参数的动态变化过程,从而有效跟踪各种参数数值。

2. 分析数据

利用可视化技术,实时呈现当前分析结果,引导用户参与分析过程,根据用户反馈的信息执行后续分析操作,完成用户与分析算法的全程交互,实现数据分析算法与用户领域知识的完美结合。数据首先被转化为图像呈现给用户,用户通过视觉系统进行观察分析,同时结合自己的领域知识对可视化图像进行认知,从而理解和分析数据的内涵和特征。用户还可以根据分析结果,通过改变可视化程序系统设置,交互地更改可视化图像的输出,从而根据自己的需求从不同角度理解数据。

3. 辅助理解数据

可视化技术可帮助用户更快、更准确地理解数据背后的含义,如用不同的颜色区分不同对象,用动画显示变化过程,用图结构展现对象之间的复杂关系等。以微软亚洲研究院设计开发的人立方关系搜索为例,它能从10亿多个的中文网页中自动抽取出人名、地名、机构名和中文短语,并通过算法自动计算出它们之间存在关系的可能性,最终以可视化关系图的形式呈现结果。人立方关系搜索除了提供网页结果之外,还能够提取出这些网页中包含的人名、地址、机构等信息,并将所有与关键字相关的信息按照网络流行度或关系亲密度进行排序。这种信息过滤与聚合方式为信息浏览提供了很大的便利。

4. 增加数据吸引力

枯燥的数据被制作成具有强大视觉冲击力和说服力的图像，可以大大增加读者的阅读兴趣。传统的讲述方式已经不能满足读者的兴趣，因此需要更直观、高效的信息呈现方式。因此，现在的新闻播报越来越多地使用数据图表，动态、立体化地呈现新闻内容，使读者一目了然并能够在短时间内消化和吸收，大大提高了知识理解的效率。

7.2 大数据可视化技术

大数据可视化技术涵盖了传统的科学可视化和信息可视化两个方面。它以海量数据分析和信息挖掘为出发点，其中信息可视化技术将在大数据可视化中扮演更为重要的角色。大数据时代，利用数据可视化技术可以有效提高海量数据的处理效率，挖掘数据的隐藏信息，给企业带来巨大的商业价值。例如，电信运营商挖掘出用户的使用习惯和消费偏好，实现精准营销和客户保有。下面介绍常用的大数据可视化技术。

7.2.1 基于图形的可视化技术

大数据的复杂性和多样性意味着人们需要对大量的多维数据进行处理和分析。基于图形的可视化技术将数据各个维度之间的关系在空间坐标系中以直观的方式表现出来，便于突出数据特征和信息传递。

1. 树状图

树状图通常用于表示层级、上下级，包含和被包含关系，示例如图 7-2 所示。

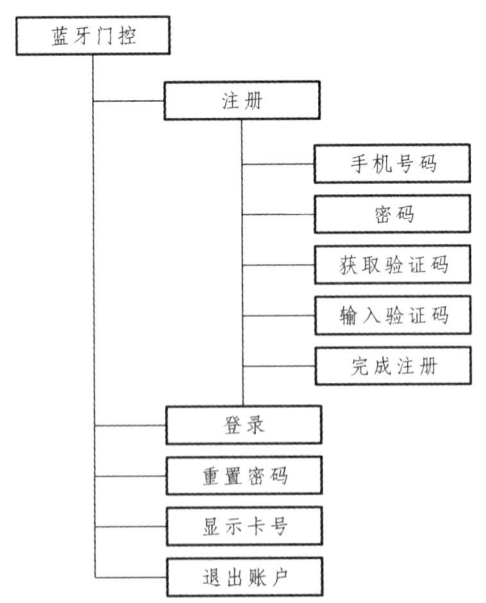

图 7-2 树状图示例

树状图把分类总单位摆在树枝顶部,然后根据需要,从总单位中分出几个分支,而这些分支可以作为独立的单位,继续向下分类,依此类推。从树状图中可以很清晰地看出分支和总单位的部分和整体关系,以及这些分支之间的关系。如果分析者要处理的数据存在整体和部分的关系,且数据量很大,要想看清楚每个部分的具体情况,可以选择树状图呈现数据。

2. 漏斗图

漏斗图用于衡量业务的流程表现,适用于流程比较规范、周期长、环节多的业务分析。某网站流量的转化漏斗如图 7-3 所示。漏斗图的优点在于:① 能够快速发现问题、及时调整运营策略;② 直观展示两端数据,了解目标数据;③ 提高业务的转化率。例如,在以电商为代表的业务分析中,通过转化率比较能充分展示从用户打开网站到实现购买的最终转化率。漏斗图是评判产品健康程度的图表,通过网站的每一个设计步骤的数据转化反馈得到结论,然后通过各阶段的转化分析去改善设计,在提升用户体验的同时,提高了网站的最终转化率。

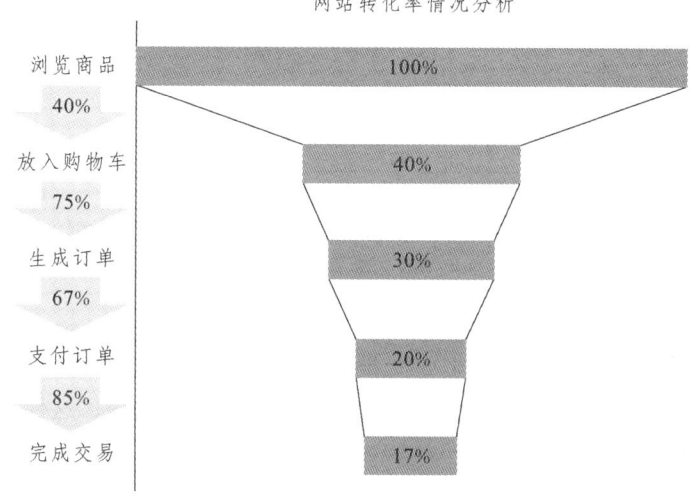

图 7-3 漏斗图示例

3. 折线图

折线图能够显示随时间变化的连续数据,适用于展示在相同时间间隔下数据的趋势。折线图示例如图 7-4 所示,类别数据沿水平轴均匀分布,值数据沿垂直轴均匀分布。

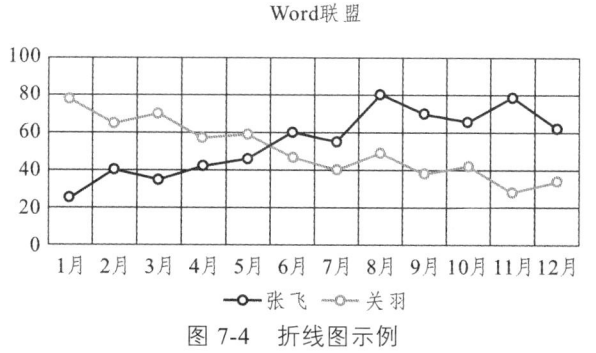

图 7-4 折线图示例

如果分类标签是文本且代表均匀分布的数值,如时间节点,则可以使用折线图。但是如果拥有的标签多于10个，那么应该使用散点图。此外，折线图能够支持多数据的对比。

4. 散点图

散点图是指根据数据在直角坐标系中的分布情况绘制而成的图形，能够表示因变量随自变量变化的大致趋势，判断两变量之间是否存在某种关联或总结数据的分布模式。散点图示例如图7-5所示。

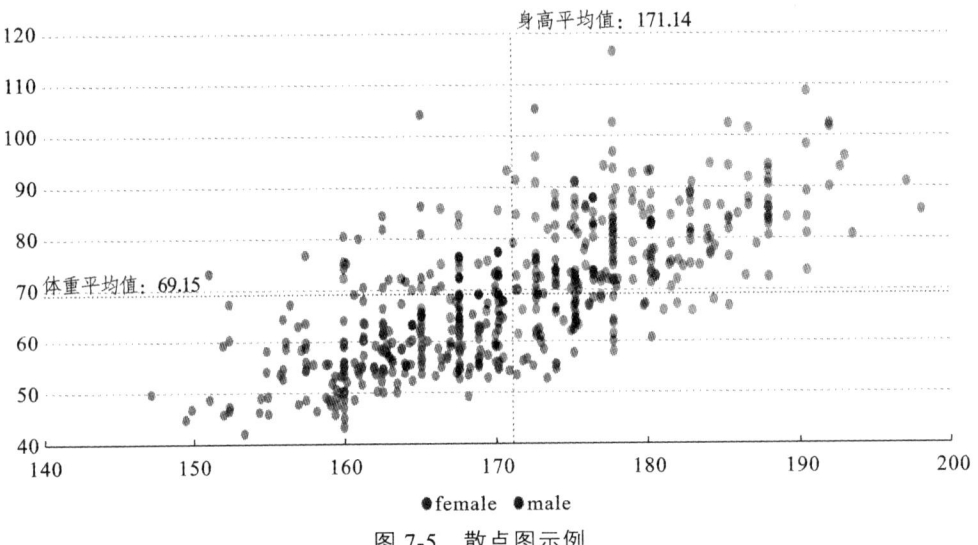

图7-5 散点图示例

散点图有以下三种类型。

（1）散点图矩阵。当要同时考察多个变量间的相互关系时，一一绘制变量之间的散点图会十分麻烦，此时可利用散点图矩阵来同时绘制各变量间的散点图，这样可以快速发现各个变量间的主要相关性。

（2）三维散点图。虽然在散点图矩阵中可以同时观察多个变量间的关系，但观察时可能会漏掉一些重要的信息。三维散点图是在由三个变量确定的三维空间中研究变量之间的关系图，由于同时考虑了三个变量，因此常常可以发现在二维图形中发现不了的信息。

（3）ArcGIs散点图。在 x-y 坐标系中绘制点，可以揭示数据之间的关系并显示数据的趋势。

散点图与折线图相似，不同之处在于折线图通过特定数据相连来显示数据的变化。当存在大量数据点时，散点图的作用尤为明显。

5. 条形图和柱状图

条形图用直条的长度表示数量或比例，并按时间、类别等一定顺序排列起来，主要用于表示数量、频数或频率等，如图7-6所示。条形图包括单式条形图和复式条形图，单式条形图表示一个群体数据的频数分布，复式条形图表示多个群体数量分布的比较。

柱状图和条形图在质上相同，只是在 x-y 坐标系上的分布不同，如图7-7所示。在延伸方向上，条形图水平延伸，而柱状图则垂直延伸；在数据呈现方式上，条形图和柱状图均对不同数据集采用不同的颜色标注，以进行数据组之间的直观对比。

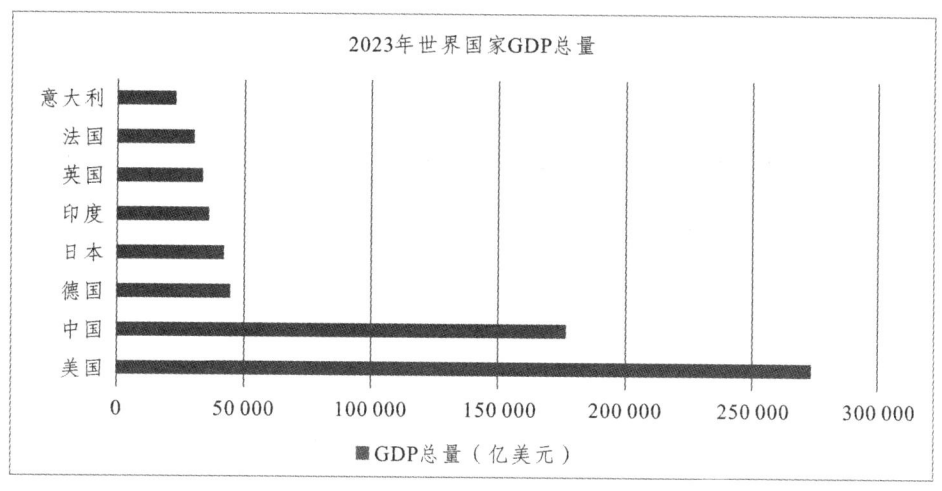

图 7-6 条形图示例

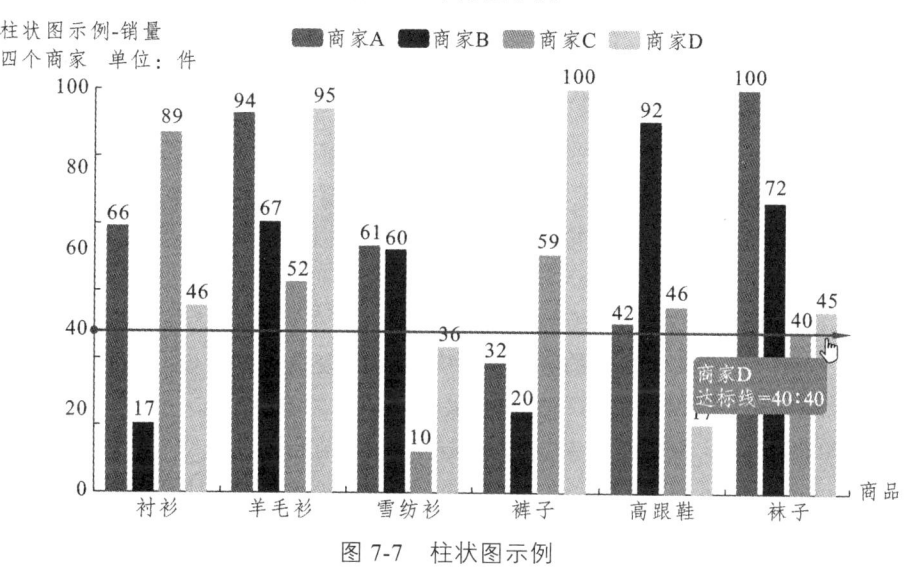

图 7-7 柱状图示例

7.2.2 文本可视化技术

文本信息是大数据时代非结构化数据类型的典型代表，也是互联网中最主要的信息类型。当下比较热门的物联网中各种传感器采集到的信息，以及人们日常工作和生活中接触的电子文档，都是以文本形式存在的。文本可视化的意义在于，能够将文本中蕴含的语义特征（如词频与重要度、逻辑结构、主题聚类、动态演化规律等）直观地展示出来。

1. 标签云

如图 7-8 所示是一种称为标签云（Word Clouds 或 Tag Clouds）的典型文本可视化技术。它将关键词根据词频或其他规则进行排序，按照一定规律进行布局排列，用大小、颜色、字体等图形属性对关键词进行可视化。一般用字号大小代表该关键词的重要性，该技术多用于快速识别网络媒体的主题热度。

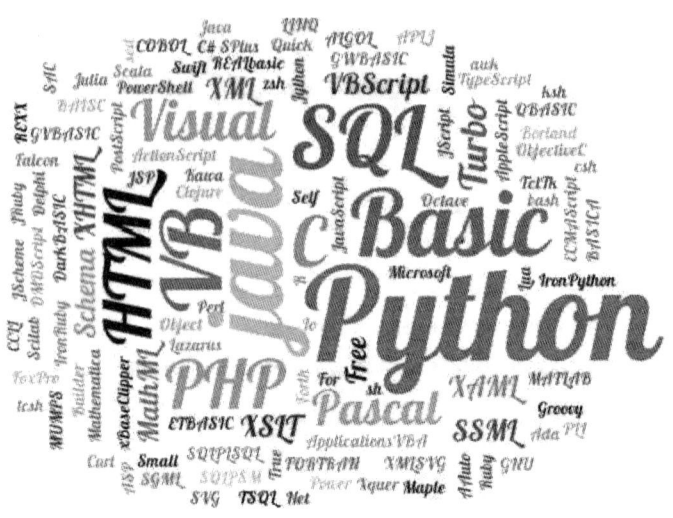

图 7-8　标签云技术示例

2. 动态文本时序信息可视化

有些文本的变化过程和形成与时间是紧密相关的，因此，如何将动态变化的文本中时间相关的模式与规律进行可视化展示，是文本可视化的重要内容。引入时间轴是一类主要方法，常见的技术以河流图居多。河流图按照其展示的内容可以划分为主题河流图、文本河流图及事件河流图等。

主题河流图（Theme River）以河流的隐喻方式，从左至右的流淌代表时间轴，将文本中的每个主题用一条色带表示，主题的频度以色带的宽窄表示。图 7-9（a）所示是基于河流隐喻提出的文本流（Text Flow）方法，进一步展示了主题的合并和分支关系以及演变。图 7-9（b）所示为 2007 年 2 月，国外某网站发布的关于"电影的衰退和流动——过去 20 年的电影票房收入"的河流图。描述了观测期间，电影的上映时间以及期间的周票房变化。在这个河流图中，流形状的宽度代表了某部电影的周票房，流形状的起始是由电影的上映时间决定的。颜色由电影的总票房决定，票房就是电影的"附加定量"，颜色越深代表了电影最终票房越高。

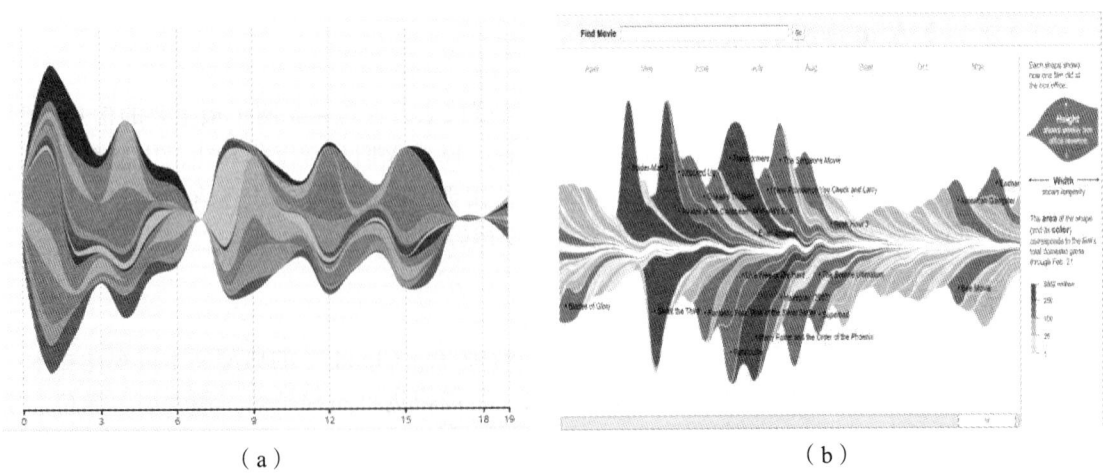

（a）　　　　　　　　　　　　　　（b）

图 7-9　主题河流图示例

7.2.3 网络可视化技术

网络关联关系在大数据中是一种常见的关系。在当前的互联网时代，社交网络可谓是无处不在。社交网络服务是基于互联网建立的人与人之间相互联系、信息沟通和互动娱乐的运作平台。新浪微博、腾讯微博等都是当前互联网上较为常见的社交网站。基于这些社交网站提供的服务建立起来的虚拟化网络就是社交网络。

社交网络呈现出网络型结构，其典型特征是由节点与节点之间的连接构成的，如图 7-10 所示。这些一个一个的节点通常代表一个一个人或者组织，节点之间的连接关系则涵盖了朋友关系、亲属关系、关注或转发关系、支持或反对关系以及拥有共同的兴趣爱好等。

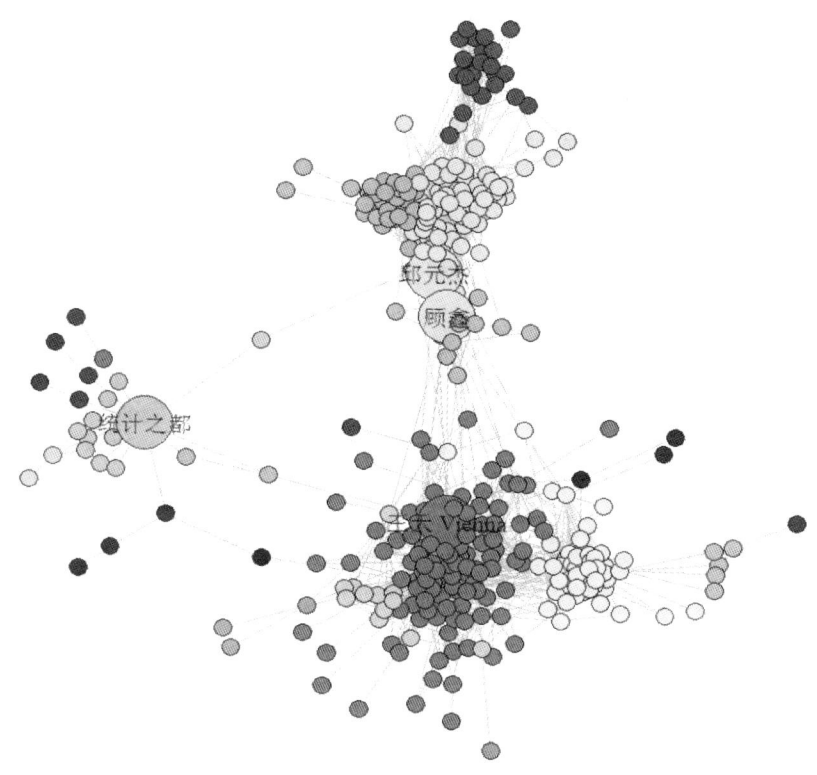

图 7-10 社交网络关系图示例

7.3 大数据可视化工具

传统的数据可视化工具仅对数据加以组合，通过不同的展现方式提供给用户，用于发现数据之间的关联信息。而大数据时代的大数据可视化产品必须满足互联网爆发式增长的大数据需求，必须能够快速地收集、筛选、分析、归纳和展现决策者需要的信息，并根据新增的数据进行实时更新。目前市场上已经涌现出很多大数据可视化的工具，其中大部分是免费的，可以满足各种可视化需求。下面介绍几种常用的可视化工具。

7.3.1 入门级工具

1. Excel

Excel 是 Microsoft Office 的组件之一，是由其为使用 Windows 和 Apple Macintosh 操作系统的计算机编写和运行的一款表格计算软件。Excel 是可以进行各种数据的处理、统计分析、数据可视化显示及辅助决策操作，广泛地应用于管理、统计、财经、金融等众多领域。Excel 在数据可视化处理方面的应用主要包括以下方面：

1）应用 Excel 的可视化规则实现数据的可视化展示

Excel 从 2007 版本开始为用户提供了可视化规则，借助于该规则的应用可以使抽象数据变得更加丰富多彩，通过规则的应用，能够为数据分析者提供更加有用的信息。

2）应用 Excel 的图表功能实现数据的可视化展示

Excel 的图表功能可以将数据进行图形化，帮助用户更直观地显示数据，使数据对比和变化趋势一目了然，提高信息整体价值，使信息和观点被更准确、直观地表达。图表与工作表的数据互相链接，当工作表数据发生改变时，图表也随之更新，反映出数据的最新变化。以 Excel 2016 版本为例，它提供了柱形图、折线图、散点图等常用的数据展示形式供用户选择使用，如图 7-11 所示。

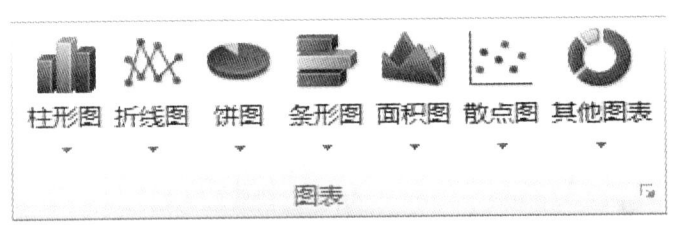

图 7-11 Excel 2016 版本的常用数据展示形式

2. ECharts

ECharts（Enterprise Charts，商业级数据图表），是百度公司旗下的一款开源可视化图表工具。ECharts 是一个纯 JavaScript 的图表库，可以流畅地运行在 PC 和移动设备上，兼容当前绝大部分浏览器。它的底层依赖轻量级的 Canvas 类库 ZRender，能提供直观、生动、可交互、可高度个性化定制的数据可视化图表。创新的拖拽重计算、数据视图、值域漫游等特性大大提升了用户体验，赋予了用户对数据进行深入挖掘、整合的能力。

ECharts 自 2013 年 6 月正式发布 1.0 版本以来，在短短两年多的时间功能不断完善。截至目前，ECharts 已经可以支持包括柱状图（条状图）、折线图（区域图）、散点图（气泡图）、K 线图、饼图（环形图）、雷达图（填充雷达图）、和弦图、力导向布局图、仪表盘、漏斗图、事件河流图等图表，同时提供标题、详情气泡、图例、值域、数据区域、时间轴、工具箱等 7 个可交互组件，支持多图表、组件的联动和混搭展现。图 7-12 所示为利用 ECharts 可以制作的部分图表展示。

第 7 章 大数据可视化

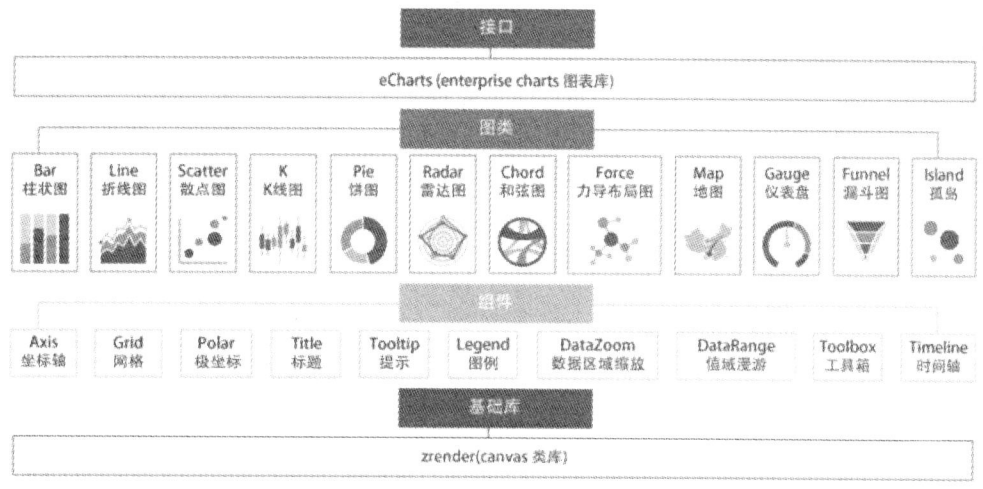

图 7-12 Echarts 可以制作的部分图表

3. Tableau

Tableau 是桌面系统中最简单的商业智能工具软件，尤其适合企业和部门进行日常数据报表和数据可视化分析工作。Tableau 实现了数据运算与美观的图表完美结合，简便、快速地创建视图和仪表板是 Tableau 最大的优点之一，用户只需将大量数据拖放到数字"画布"上，转眼间就能创建好各种图表，如图 7-13 所示。

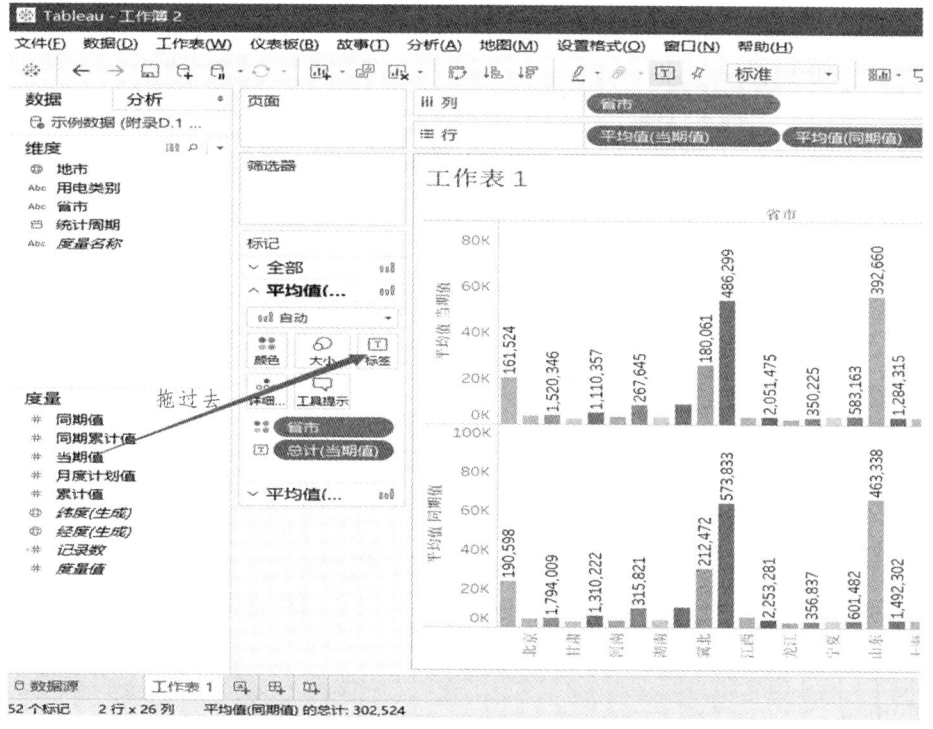

图 7-13 Tableau 的工作界面

125

4. D3

D3（Data-Driven Documents，数据驱动文档），是最流行的可视化库之一，是一个用于网页作图、生成互动图形的 JavaScript 函数库。该库提供了一个 D3 对象，所有方法都通过这个对象调用。D3 能够提供大量线形图和条形图之外的复杂图表样式，如树状图、圆形集群和单词云等，如图 7-14 所示。

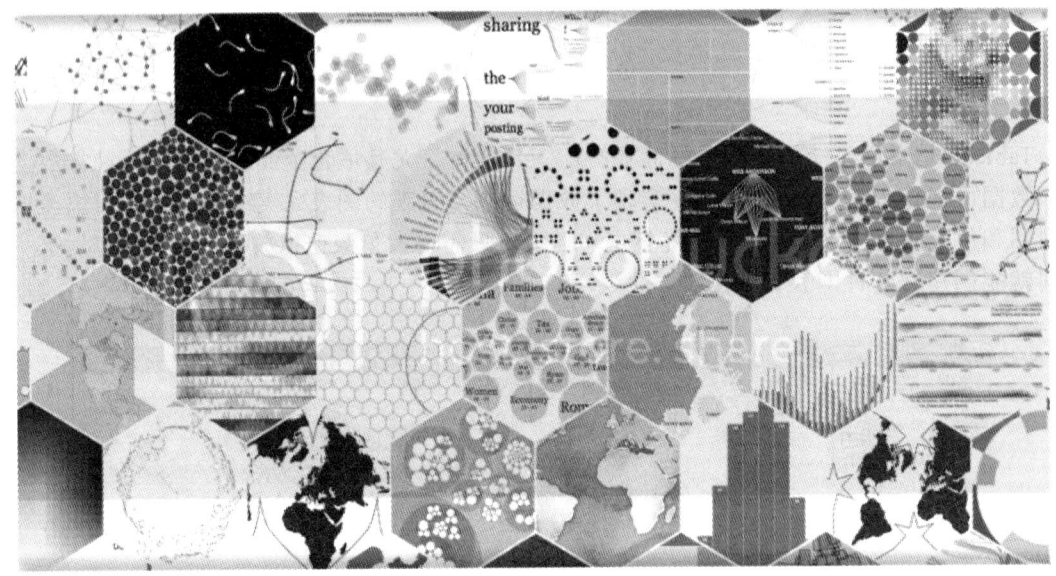

图 7-14　D3 界面

7.3.2 高级可视化工具

1. R

R 是属于 GNU 系统的一个自由、免费、源代码开放的软件，也是一个用于统计计算和统计制图的优秀工具，使用难度较高。R 包括数据存储和处理系统、数组运算工具（具有强大的向量、矩阵运算功能）、完整连贯的统计分析工具、优秀的统计制图功能、简便而强大的编程语言，可操纵数据的输入和输出，实现分支、循环以及用户自定义功能等，通常用于大数据集的统计与分析。

2. Python

Python 是一种面向对象的解释型计算机程序设计语言，由荷兰人吉多・范罗苏姆于 1990

年发明。Python 是纯粹的自由软件，其源代码和解释器 CPython 遵循 GPL（GNU General Public License，GNU 通用公共许可证）协议。Python 具有丰富和强大的库，它常被称为"胶水语言"，能够把用其他语言制作的各种模块（尤其是 C/C++）很轻松地连接在一起。Python 也是一种很好的可视化工具，可以开发出各种可视化效果图。Python 可视化库可以大致分为：基于 Matplotlib 的可视化库，基于 JavaScript 的可视化库，基于上述两者或其他组合功能的库。

3. Weka

Weka 是一款免费的、基于 Java 环境的、开源的机器学习以及数据挖掘软件。Weka 不仅可以进行数据分析，还可以生成一些简单图表。

4. Gephi

Gephi 是一款相对特殊且比较复杂的软件，主要用于社交图谱数据可视化分析，可以生成非常酷炫的可视化图形。

7.4 可视化案例

7.4.1 法院数据分析系统

法院行政案件大数据分析系统包含了结案特征分析、当事人分析、实效分析和管辖改革成效等方面。通过收案/结案的数量和增幅，分别用时间、领域、地区等维度分析案件变化趋势，从结构方式、矛盾化解情况、重点质效指标、舆情热点案件、败诉案件储藏信息等方面来分析结案特征，从案件变化趋势和分布情况来监督执法机关的工作效率情况。这些不同角度的分析，实现案件大数据全方位解读。

本章小结

本章介绍了大数据可视化的相关知识，包括可视化的概念、技术和工具，同时介绍了大数据可视化的一些应用案例。大数据可视化在大数据分析中具有极其重要的作用，尤其从用户角度而言，是提升用户数据分析效率的有效手段。通过本章的学习，读者可以对大数据可视化有基本的了解和认识，从而为以后的工作和学习打下一定的理论基础。

思考与练习

一、选择题

1. 以下说法错误的是（   ）。

   A. 饼图一般用于表示不同分类的占比情况
   B. 箱线图展示了分位数的位置
   C. 散点图无法反映特征之间的统计关系
   D. 词云对于文本中出现频率较高的关键词语

2. 利用下面哪个可视化绘图可以发现数据的异常点？（　　）
   A. 密度图　　　　B. 直方图　　　　C. 箱线图　　　　D. 概率图
3. 数据可视化流程的核心是（　　）。
   A. 可视化映射　　　　　　　　B. 数据采集
   C. 数据处理和交换　　　　　　D. 用户感知
4. 以下不属于可视化的作用的是（　　）。
   A. 观测跟踪数据　　　　　　　B. 辅助理解数据
   C. 数据采集　　　　　　　　　D. 数据分析

二、判断题

1. 数据可视化都有一个共同的目的，那就是准确而高效、精简而全面地传递信息和知识。（　　）
2. 折线图用于显示随时间或有序类别而变化的趋势。（　　）
3. 暖色系颜色是以红色为中心的色群。（　　）
4. 散点图是由一些散乱的点组成的图。（　　）

三、简答题

1. 数据可视化有哪些基本特征？
2. 文本可视化有哪些主要形式？
3. 大数据可视化的具体作用是什么？
4. 常用的高级可视化工具有哪些？

第 8 章

大数据隐私与安全

 本章导读

随着智慧城市、智能家居、在线社交网络等数字化技术的发展,人们的衣食住行、健康医疗等相关信息日益被数字化,通过海量的传感器、智能处理设备等终端进行收集和使用变得轻而易举。数据具有普遍性、共享性、增值性、可处理性和多效用性等特点,大数据在带来各种便利的同时,不可避免地会泄露了人们的隐私。数据资源具有特别重要的意义与价值,大数据更是如此。维护大数据的隐私与安全就是保护信息系统或网络中的数据资源免受各种类型的威胁、干扰和破坏,因此对大数据隐私安全问题的研究意义重大。

本章主要内容包括大数据面临的隐私与安全问题、大数据隐私与安全的防护策略、大数据隐私与安全的防护技术和数据权益的资产化等。

 学习目标

(1)熟悉大数据隐私与安全的定义,数据安全的基本特点。
(2)了解影响大数据隐私与安全的主要因素,大数据隐私与安全问题的类别。
(3)掌握大数据隐私与安全的防护策略以及防护技术。

 思政目标

(1)学习数据隐私安全的基础知识,加强对数据治理的专业了解,培养探究意识,激发学习兴趣。
(2)了解我国数字化战略部署,以及各行各业的数字化转型发展需求,激发爱国情怀。

8.1 大数据面临的隐私与安全问题

8.1.1 大数据隐私与安全的定义

1. 大数据中的隐私

大数据隐私是指可确认特定个人(或团体)身份或特征,但个人(或团体)不愿被暴露的敏感信息。这些信息包括用户的敏感数据,如个人的患病数据、个人的位置轨迹信息、公司的财务信息等。与用户有关的个人信息可分为三类:个人身份信息、隐私敏感信息和其他信息。隐私攻击者使用搜索引擎寻找并收集网络上有关某用户的个人信息,直到获得该用户的身份信息和隐私敏感信息。这种基于搜索引擎的隐私挖掘攻击的核心过程如图 8-1 所示。

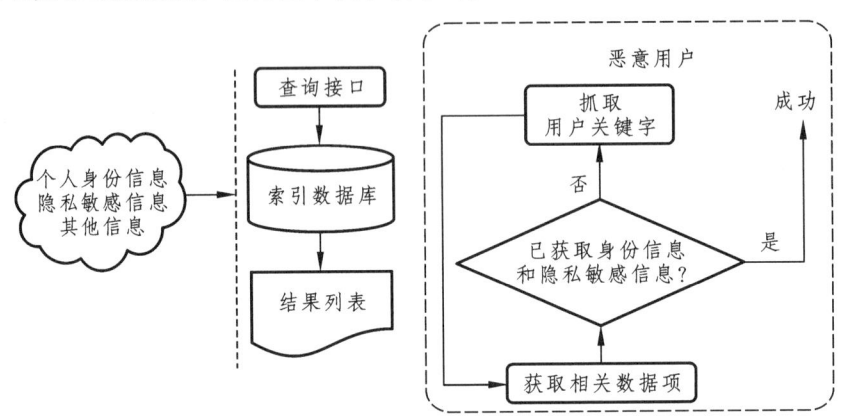

图 8-1 基于搜索引擎的隐私挖掘攻击的核心过程

大数据中的隐私泄露主要有以下三种表现形式。

(1)在数据的存储过程中对用户隐私权造成的侵犯。用户无法知道个人数据的准确存放位置,非授权用户对个人数据的采集、存储、使用和分享无法被有效控制。

(2)在数据传输过程中对用户隐私造成的侵犯。大数据环境下数据传输更多元化,传统物理区域隔离的方法无法有效保证远距离传输的安全性,电磁泄漏和窃听成为更突出的安全隐患。

(3)在数据处理过程中对用户隐私权造成的侵犯。大数据环境下基础设施的脆弱性和加密措施的失效可能产生新的安全风险。大规模的数据处理需要完备的访问控制和身份认证管理,以避免未经授权的数据访问,但资源动态共享模式无疑增加了管理的难度,账户劫持、攻击、身份伪装、认证失败、认证失效、密钥丢失都可能威胁用户的数据安全。

2. 大数据中的数据安全

数据安全包括数据本身的安全和数据防护安全。数据本身的安全是指采用密码算法对数据进行主动保护,如数据保密、数据完整性、双向强身份认证等;而数据防护安全主要采用现代信息存储手段对数据进行主动防护,如磁盘阵列、数据备份等。

数据安全具有保密性、完整性和可用性三个基本特点。

(1)保密性。保密性又称为机密性,是指个人或团体的信息不被其他未经授权者获取。许多软件(如邮件、网络浏览器等)都有与保密性相关的设定,以维护用户信息的保密性。此外,黑客也可能导致保密性出现问题。

(2)完整性。完整性是指在传输、存储数据的过程中,确保数据不被未经授权者篡改,或在篡改后能够被迅速发现。在信息安全领域,完整性与保密性的概念常常被混淆。黑客或恶意用户在没有获得密钥破解密文的情况下,可以通过对密文进行先行计算来改变数值信息。

(3)可用性。可用性保证信息确实能为授权使用者所用,即保证合法用户在需要时可以使用所需信息。任何有违数据可用性的行为都是违反有关数据安全规定的行为。

8.1.2 影响大数据隐私与安全的主要因素

相比于传统数据的安全保护，大数据的安全保护更复杂。一方面，大数据中包含大量的企业运营数据、客户信息、个人隐私等各种行为的细节记录，增加了数据泄露的风险，使大数据面临更多威胁；另一方面，大数据对信息的保密性、完整性和可用性带来了更多的挑战，传统的安全工具已不再有效。影响大数据隐私与安全的主要因素如图 8-2 所示。

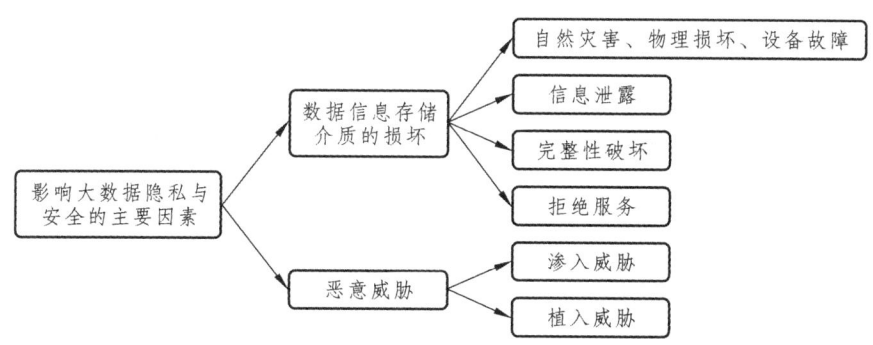

图 8-2 影响大数据隐私与安全的主要因素

1. 数据信息存储介质的损坏

在物理介质层次上对存储和传输的信息进行安全保护是数据安全的基本保障。物理安全隐患大致包括以下四个方面。

（1）自然灾害（如地震、火灾、洪水等），物理损坏（如硬盘损坏、设备使用权到期等）和设备故障（如停电、断电、电磁干扰等）。

（2）信息泄露。这主要是指大数据中的部分或全部信息被泄露给未被授权的用户、软件或实体，尤其是大数据中的一些隐私信息或关键信息。

（3）完整性破坏。由于非授权的增加、删除和修改等操作，大数据中的部分信息丢失，完整性遭到破坏。

（4）拒绝服务。这是指用户对大数据中一些资源的合理访问被无条件拒绝。主要包括两种情况：一是攻击者制造一系列非法的访问，致使系统产生过量负荷，导致系统资源在合法用户看来无法使用；二是因为大数据处理系统在物理上或逻辑上遭到破坏，致使用户的合理请求被拒绝。

2. 恶意威胁

恶意威胁是大数据安全所面临的最大威胁，会对大数据造成极大危害，造成机密数据泄露等无法挽回的后果。恶意攻击主要分为渗入威胁和植入威胁。

（1）渗入威胁。这包括假冒、旁路控制和授权侵犯三类。假冒是黑客常用的攻击方法，指系统中的某个实体假装成另一个不同的实体，以获取系统的权限和特权；旁路控制是指攻击者寻找系统自身的缺陷和漏洞，绕过系统的安全防线对大数据实施攻击的恶意行为；授权侵犯又称内部攻击，是指授权用户将其权限用于其他非授权的目的。

（2）植入威胁。这可分为木马病毒和陷阱两类。木马病毒主要是指软件中含有用户觉察不出的程序段，当该程序段被执行时，用户数据的安全性会遭到破坏；而陷阱主要是指一些用户或程序在大数据管理系统的某个或多个部件中设置"机关"。

8.1.3 大数据隐私与安全问题的分类

大数据隐私与安全问题可大致分为基础设施安全问题、大数据存储安全问题、针对大数据的高级持续性攻击（Advanced Persistent Threat，APT）、网络安全问题和其他安全问题。

1. 基础设施安全问题

大数据的基础设施包括存储设备、运算设备、一体机和其他基础软件。为了支持大数据的应用，需要创建支持大数据环境的基础设施。例如，需要高速的网络来收集各种数据源，需要大规模的存储设备存储海量数据，还需要各种服务器和计算设备对数据进行分析和应用。这些基础设施具有虚拟化的分布式性质等特点，为用户带来各种大数据新应用的同时，也会受到安全问题的困扰，如非授权访问、拒绝服务攻击、网络病毒传播等。

2. 大数据存储安全问题

大数据的规模通常可达到PB级，结构化数据和非结构化数据混杂其中，数据的来源多种多样，传统的结构化存储系统已经无法满足大数据应用的需要，因此需要采用面向大数据处理的存储系统结构。大数据存储系统需具备强大的扩展能力，可以通过增加磁盘存储来增大容量，所以大数据存储系统的扩展操作简便快速，甚至不需要停机。在传统的数据安全中，数据存储是非法入侵的最后环节，目前已形成完善的安全防护体系。大数据对存储的需求主要体现在海量数据处理、大规模集群管理、低延迟读写速度和较低的建设及运营成本方面。在数据应用的生命周期中，数据停留在此阶段的时间最长，因此也成为保障数据安全的一个关键环节。

3. 针对大数据的高级持续性攻击

美国国家标准与技术研究院给出了高级持续性攻击的详细定义：精通复杂技术的攻击者利用多种攻击向量（如网络、物理和欺诈），借助丰富资源创建机会，实现自己的目的。这些目的通常包括对目标企业的信息技术架构进行篡改而盗取数据（如将数据从内网输送到外网），执行或组织一项任务、程序，又或者嵌入对方架构中伺机偷取数据。APT的威胁主要包括以下三方面：长时间重复这种操作、适应防御者以产生抵抗能力、维持在所需的互动水平以执行窃取信息的操作。

简而言之，APT就是长时间窃取数据。作为一种有目标、有组织的攻击方式，APT在流程上与普通攻击行为并无明显区别，但在具体攻击步骤上表现出攻击行为特征难以提取、单点隐蔽能力强、供给渠道多样化和供给持续时间长的特点，使APT具备更强的破坏性。

4. 网络安全问题

网络面临的安全风险可分为广度风险和深度风险。广度风险是指安全问题随网络节点数量的增加呈指数上升；深度风险是指传统攻击依然存在且手段越发多样，高级持续性攻击逐渐增多且造成的损失不断增加，攻击者的工具和手段呈现平台化、集成化和自动化的特点，具有更强的隐蔽性、更长的攻击与潜伏时间、更明确和特定的攻击目标。

现有的安全机制在大数据环境下的网络安全防护方面并不完善。一方面，大数据时代的信息爆炸，导致来自网络的非法入侵次数急剧增加，网络防御形势十分严峻；另一方面，由于攻击技术不断成熟，网络攻击手段越来越难以辨识，给现有的数据防护机制带来了巨大的压力。因此，在大型网络的网络安全层面，除了访问控制、入侵检测、身份识别等基础防御手段，还需要管理人员能够及时感知网络中的议程时间，从成千上万的安全时间和日志中找到最有价值、最需要处理和解决的安全问题，从而保障网络的安全状态。

5. 其他安全问题

除了在基础设施、存储、网络、APT 等方面面临安全问题外，大数据隐私与安全问题还包括网络化社会的易攻击风险、大数据滥用风险和大数据误用风险。

（1）网络化社会的易攻击风险。以论坛、博客、微博、微信为代表的新媒体形式促成了网络化社会的形成，网络化社会中的大数据蕴含着人与人之间的关系，可使黑客攻击一次就能获得更多数据，无形中降低了黑客的进攻成本，增加了攻击收益。近年来从互联网上发生的用户账号信息失窃等连锁反应可以看出，大数据更容易吸引黑客，而且一旦遭受攻击，造成的损失巨大。

（2）大数据滥用风险。一方面，大数据本身的安全防护存在漏洞，对大数据的安全控制力度仍然不够，访问权限控制及密钥生成、存储和管理方面的不足都可能造成数据泄露；另一方面，攻击者也在利用大数据技术进行攻击。

（3）大数据误用风险。大数据的准确性和数据质量会影响使用大数据作出的决定。例如，从社交媒体获取个人信息或基本资料等通常都是未经验证的，分析结果的可信度不高。另外，数据的质量问题也是一个挑战，从公众渠道收集到的信息可能与需求的相关度较低。这些数据的价值密度较低，对其进行分析和使用可能产生无效的结果，从而导致错误的决策。

【阅读案例 8-1】

医疗大数据的"开放"与"隐私"

2015 年，国务院发布了《促进大数据发展行动纲要》，强调在医疗卫生等领域优先推动政府数据向社会开放。在"互联网+"时代，社会对医疗大数据的需求正快速增长。然而，目前医疗大数据"信息孤岛"的现象仍然普遍存在，不解决此问题将对民众医疗需求造成很大的阻碍。

1. "云病理"尚在起步阶段

近 10 年来，我国癌症发病率呈上升趋势。在癌症的诊断中，病理扮演着"金标准"的角色。卓腾数字病理创始人叶志前接受中国经济导报记者采访时解释说："在肿瘤相关疾病中，临床医生的后续治疗要根据病理医生的诊断结果来制定。"但是，一个不容忽视的现状是，我国目前病理医生缺口还较大。"云病理相较于传统病理，使得医疗资源的利用率提高，使用成本降低，服务质量得到提升。"叶志前如此描述。

据叶志前介绍，"云病理"平台将光学显微镜下的病理切片图像转换成可以传送的数字图像，后通过无损压缩技术将数据上传至云端，远端的专家可在任何时间利用移动终端或工作站接入"云病理"平台。此平台不仅融入了数字化病理信息，还通过与区域医疗信息化系统的信息交换，整合了患者的病史信息和医学影像资料等，为远程病理诊断、多学科综合判断提供了便利而有效的工具，大大提高了工作效率和诊断的准确性，可以在一定程度上缓解病理医生匮乏的现状。

"云病理在我国还处于起步阶段，医疗大数据隐私的保护是一个不容忽视的问题。"叶志前坦言。首先这些数据的收集与使用必须保证途径合法，如患者对隐私的泄露比较担忧，数据的收集和使用就会变得困难。因此，"开放"与"隐私"如何平衡是医疗大数据面临的一大难题。另外，叶志前表示，各个"云病理"平台能否兼容对接，如何有效使用这些数据等问题，也对技术的创新和发展提出了新的要求。

2. 政府主导推进数据共享

"随着智慧城市的发展，智慧医疗也不断尝试着新的探索。"叶志前表示。伴随医院信息化建设的逐渐加强，医疗大数据将会越发有用武之地，医疗领域的"云"建设也将逐渐增多。叶志前说："每个病人都是不同的，为了能够做出有意义的预测，需要拥有大量数据，通过分析这些数据，患者可快速得到医生反馈，医生也可对病人制定私人定制式'治疗方案'，可以利用收集的数据提高诊断的准确率"。

此外，其还可提高医院的工作效率，辅助医生临床诊断，监管医疗质量，辅助科研等。据了解，医疗大数据虽已发展多年，但如今各个医院大量信息处于"沉睡"状态。医疗大数据虽有种种好处，但"数据孤岛"的现象仍未得到明显改善。

"我认为一个重要原因是，很多医疗数据因隐私、安全、交流闭塞等原因，患者病史、病例、手术成本和效果的大量信息仍封闭在保险公司的计算机里，或是在医院和医生的医疗记录里。这对医疗大数据的发展极其不利，因为没有数据相当于'巧妇难为无米之炊'。"叶志前感慨。因此，他建议应由政府主导，继续推进和加强医疗数据的共享。

8.2 大数据隐私与安全的防护策略

大数据为数据安全的发展提供了新机遇，为安全分析提供了新的可能性：对海量数据的分析有助于更好地跟踪网络异常行为；对实时安全数据与应用数据结合在一起的数据进行预防性分析，可防止诈骗和黑客入侵。网络攻击行为总会留下蛛丝马迹，这些痕迹都以数据的形式隐藏在大数据中，从大数据的存储、应用和管理等方面层层把关，可以有针对性地应对数据安全威胁。大数据隐私与安全的防护策略大致分为三类，如图8-3所示。

8.2.1 存储安全策略

基于云计算架构的大数据，数据的存储和操作都以服务的形式提供。目前，大数据的安全存储采用虚拟化海量存储技术来存储数据资源，涉及数据传输、隔离、恢复等问题。经过十几年的不断探索，研究人员已经在储存结构领域取得了显著进步，储存系统在体系结构层面发生了巨大的改变。

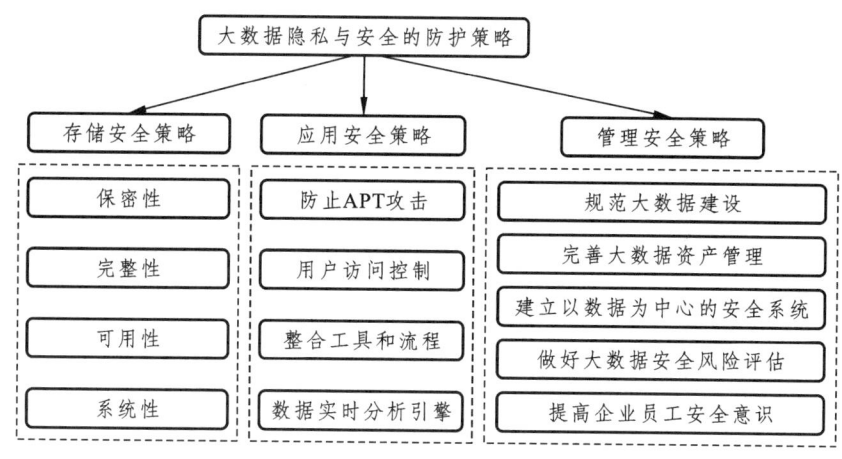

图 8-3　大数据隐私与安全的防护策略

1. 大数据存储系统的安全性

现在，信息技术已经进入了一个大数据安全的新时代，即"存储时代"，存储系统早已不是外部辅助系统了。随着网络环境日益完善，大数据存储必将成为未来的焦点，范围将覆盖全球。网络存储完全有可能成为席卷世界的第三次浪潮，成为继计算机和互联网之后的又一革命性创举。

随着互联网的无限制扩展，数据信息呈现爆炸式增长，同时用户数据的安全性也面临巨大的挑战，主要原因在于网络地理位置的分散性和结构的可扩展性。在面对网络上的恶意攻击时，互联网大数据存储系统需要满足以下四个基本特征。

（1）保密性。数据内容都存在一定的机密性，必须保护其内容不被其他用户轻易攫取，所以必须对数据进行加密处理。内容的机密性越高，加密形式就越重要。但是，随着存储设备和存储系统逐渐趋于网络化，加密需要实现网络共享。虽然网络安全与密码学领域已经有不少新的研究成果，但是直接应用于数据加密的成果却很少。

（2）完整性。数据内容在加/解密之后必须保证其表达信息准确无误，不能被其他用户篡改、损坏、销毁。目前的主流方法是数字签名和消息验证。

（3）可用性。授权用户必须可以对数据信息随时访问、修改和销毁，绝不可出现能被任何人随意使用和无法访问自身数据的情况。

（4）系统性。既可以高效地存储和调用数据，又可以保障数据的安全是大数据发展一直追求的两个目标，但是这两个目标却存在一定的互斥性。安全措施的运行肯定会占用系统空间，影响数据的使用效率。简单来说，系统的整体设计工作就是维持"性能"和"安全"平衡。

2. 云环境下的大数据存储安全

传统的数据处理模式是在本地集中存储与运算大量应用数据，在此模式下进行工作，要保证操作的必要硬件条件，在硬件条件完备之后还需要专业的维护人员定期对设备进行维护和检修。高额的设备投入和繁琐的维护过程必然会限制这种模式的发展，所以必须开创一种新的发展模式以适应发展的需要。于是，以分布服务器为基础的大规模数据处理模式应运而生，也宣告"云"时代的正式到来。

云计算的理论研究领域日益成为新的科研焦点，其众多的周边应用也越来越受到业界的关注。由于云计算具有高效率、低成本、可调节、灵活部署等优点，云模式提供的服务已经被越来越多的客户接受，能够满足广大客户的要求。

从云计算的工作原理来看，云数据安全存在两大主要缺陷：一是云服务商对各个云端的各类用户数据具有直接获取权，而且现在社会上还未形成对云服务商的管理机制，云服务商也缺少自我约束和加密机制；二是享用云服务的用户数据存储在网络服务器上，如果不采取相应的安全措施，存储在云端的数据无异于"裸奔"，即使采取了简单的安全措施，从理论上来说，黑客只要攻破其中一个环节，就能窃取数据或者毁坏整个数据链。这样，数据存储传输将面临泄露、篡改、复制、删除等一系列安全风险。随着越来越多的人接受和熟知"云计算"概念，数据的安全问题已成为亟待解决的大问题。新的安全研究方向是要从现存的安全威胁和安全请求中找到能在根本上提高"云"的防护等级的方法。

8.2.2 应用安全策略

随着大数据应用所需技术和工具的快速发展，大数据应用安全策略主要包括以下四方面。

1. 防止 APT 攻击

借助大数据处理技术，针对 APT 隐蔽能力强、长期潜伏、攻击路径和渠道不确定等特征，设计具备实时检测能力与事后回溯能力的全流量审计方案，提醒存在病毒风险的应用程序。

2. 用户访问控制

大数据的跨平台传输应用在一定程度上会带来内在风险，可以根据大数据的密集程度和用户需求的不同，对大数据和用户设定不同的权限，并严格控制访问权限。而且，通过单点登录的统一身份认证与权限控制技术，对用户访问进行严格的控制，保证大数据应用安全。

3. 整合工具和流程

通过整合工具和流程，确保大数据应用安全处于大数据系统的核心地位。在整合点平行于现有连接的同时，减少通过连接企业或业务线的工具输出到大数据安全仓库的数据量，以防止预处理的数据暴露及加工后的数据溢出。通过设计标准化的数据格式监督整合过程，也可以改善分析算法的持续验证。

4. 数据实时分析引擎

数据实时分析引擎融合云计算、机器学习、语义分析、统计学等多个领域，从大数据中第一时间挖掘出黑客攻击、非法操作、潜在威胁等各类安全事件，并发出警告响应。

8.2.3 管理安全策略

目前我国应用大数据面临的最大风险问题就是数据安全管理问题。为了方便数据的分析与处理，需集中存储海量数据，但是安全管理不当将造成大数据丢失和损坏，进而引发毁灭性的灾难。随着网络技术的不断发展，窃取他人隐私已经不只有强制性或物理手段了，个人数据所面临的风险也远远高于以前。对大数据保护的能力非常有限，各类安全手段还不完善，数据被窃取的事件频繁出现且短期内难以得到改善。我国对数据安全保护的观念和意识有待加强，无论是个人数据还是商业数据，都缺乏一套完善的安全保护理论体系。基于网络的交互方式已经在我国广泛普及，在商务、社交、公共管理等多个领域得到了深入的发展和广泛的应用，这也是导致我国数据资源暴增的重要原因。然而，数据安全防护的观念和能力还是一块短板，尤其是对个人终端设备的防护不当导致各类数据被随意暴露在网上。

通过技术保护大数据的安全虽然重要，但安全管理制度也很关键。为了从海量数据中提取有用信息，提高企业生产效率，就必须使用科学的大数据管理方法，避免各种安全隐患。具体来说，可以从以下五个方面进行安全管理。

（1）规范大数据建设。规范化建设可以促进大数据管理过程的正规有序，实现各级各类信息系统的网络互联、数据集成、资源共享，确保在统一的安全规范框架下运行。

（2）完善大数据资产管理。大数据资产管理要能够清楚地定义数据元素，包括数据格式、别名、统计表及其他特性标识符等；描述数据元素定义的信息来源及其相关数据元素的信息；记录使用信息，包括数据元素的产生及修改信息、安全及访问控制信息、访问历史记录。

（3）建立以数据为中心的安全系统。为了确保数据中心系统的安全，防护系统主要通过防火墙、入侵检测系统、安全审计、抵抗拒绝服务攻击、网络防病毒系统来实现全面的安全防护。同时，通过使用加密、识别管理并结合其他主动安全管理技术，确保数据在使用、迁移、停用的全过程的安全性。

（4）做好大数据安全风险评估。不同类型的数据形式及数据的不同状态都有其不同的泄密风险层级。针对大数据的固有特点，可以将其分为不同的安全风险等级，从而加强安全防范，并在实际生产中明确安全风险治理目标，降低企业数据泄露风险，分析并消除信息安全盲点。

（5）提高企业员工安全意识。需要提升员工对大数据安全威胁的识别能力，了解正在使用的数据的价值，充分认识到自己在企业数据安全中的角色。企业也需要对员工进行安全培训，让员工对彼此在安全防护中的职责有所了解，并举行周期性的安全攻击演习以检验培训的成果。

【阅读案例 8-2】
区块链技术提升数据安全

区块链技术正在快速地从实验阶段迈向企业应用阶段。区块链技术融合了分布式架构、P2P网络协议、加密算法、数据验证、共识算法、身份认证、智能合约等技术，利用基于时间顺序的区块形成链存储数据，通过共识机制实现各节点之间数据的一致性，通过利用密码学体制保证数据的存储和传输安全，借助自动化的脚本建立智能合约，从而实现交易的自动判断和处理，解决了中心化模式存在的安全性低、可靠性差、成本高等问题。除了上述优点外，区块链技术本身还具有显著的安全特性。

1. 区块链技术的安全特性

区块链解决了在不可靠网络上可靠地传输信息的难题，由于不依赖于中心节点的认证和管理，因此避免了中心节点被攻击造成的数据泄露和认证失败的风险。

以区块链技术在普惠金融服务中的应用为例，其工作原理如图8-4所示，假如需要在银行的核心系统中做一笔支付,则由中心化的系统受理交易,由中心化的系统进行记账。但是在有多个节点的区块链中,一笔交易涉及多个参与者,这种交易并不是由一个中心系统来记账,而是由多个节点共同完成。区块链上有多个节点,该技术会通过挖矿等算法去分布地选择哪些是交易节点、哪些是记账节点,而每一笔交易都是由所有节点共同确认的,所以不需要中心机构确认,只需分布的节点即可完成确认动作。在区块链下每个节点都有一本"存折",每本"存折"中都会记录下每一笔交易,而且同一笔交易在不同的"存折"中保持一致。在交易发生时,每个节点将通过通信手段保证数据一致性,相当于大家共同维护一本超大的"存折"。区块链中的每一笔交易都会被打上签名,就好比存折中的每一笔交易一旦打印完成就无法被篡改,是不可更新且公开透明的。

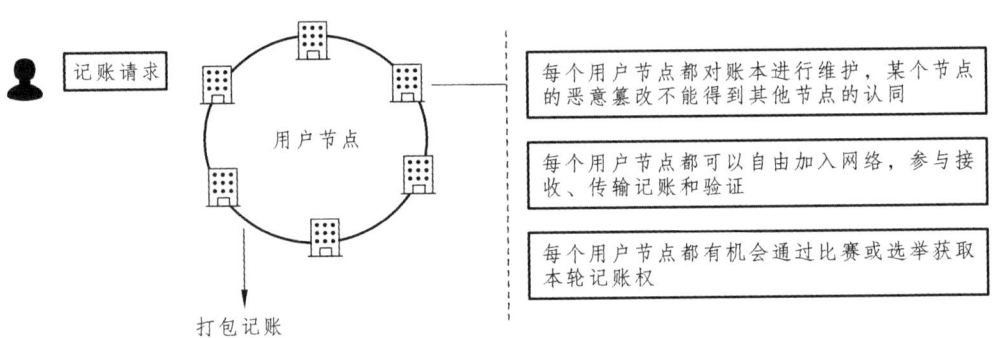

图 8-4　区块链工作原理

2. 区块链技术的应用

区块链技术凭借其去中心化结构而带来的安全特性,目前已被金融、医疗、互联网等领域的各大公司用来提升网络安全。具体来看,区块链技术可以在管理和保护用户认证数据、提高网络数据安全性、有效阻止分布式拒绝服务(Distributed Denial of Service,DDoS)攻击及增强物联网安全等领域发挥作用。

(1)管理和保护用户认证数据。美国麻省理工学院推出的虚拟货币 CertCoin 最先采用了基于区块链的公钥基础设施,摒弃传统中心认证方式,采用公共密钥实现分布式节点之间的互相认证,从而防止网络单点故障。我国政府部门使用区块链技术来管理和保护公民的个人信息和认知数据,例如,某市政府推出基于区块链的公民数据管理系统,市民可以授权使用其个人数据,同时确保数据的真实性和隐私性。阿里巴巴旗下的阿里健康推出了基于区块链技术的电子处方服务。通过这种服务,患者的处方信息被加密存储在区块链上,确保了数据的不可篡改性和可追溯性。

(2)提高网络数据安全性。我国的一些金融机构尝试采用区块链技术改造传统金融业务,建立去中心化金融(DeFi)平台,以提高交易的安全性和透明度。

(3)有效阻止 DDoS 攻击。区块链初创公司 Nebuils 目前正在开发基于区块链的分布式互联网域名系统,只允许授权用户管理域名,其他公司(如 Blockstack)也开始使用分布式 Web 技术替代原有第三方管理 Web 服务器和数据库的模式,阻止网络 DDoS 攻击。

(4)增强物联网安全。通过智能合约模式,区块链一方面可以利用 P2P 网络中的网络设备节点对待接入设备进行鉴权,另一方面可以有效抵挡物联网 DDoS 攻击。在 2016 年爆发的

Mirai 僵尸网络 DDoS 攻击事件中,大规模的物联网设备被入侵,致使美国多半网络瘫痪。在区块链系统中,当某个节点被入侵时,其他设备会检测到该设备异常,并且将其列为异常和不信任节点,从而将其排除在系统外。

3. 区块链技术的应用风险

虽然区块链凭借其天然的技术特点而具有用户认证、数据保护、防 DDoS 攻击等安全优势,但现阶段还不成熟,在实际应用时仍然存在诸多安全风险。

首先,区块数据的可靠性会随时间推移而降低。早期生成的区块由于使用的算法过时或者密钥长度不够,其交易历史有可能会被篡改伪造。由于区块链采用关系型的数据结构,而且现有机制还没有删除历史交易数据的机制,将导致新产生的区块也不可以被信任。此外,所有交易记录的不断累加也会造成节点超负荷,增加安全隐患。

其次,区块链的配套软件可能存在漏洞和隐患。由于区块链系统由代码维持,攻击者会通过系统中存在的漏洞恶意篡改或者盗取数据。

最后,区块链可能会被犯罪分子利用。基于区块链本身的匿名和安全特性,不法分子可能会采用区块链技术进行违法网络交易,如进行暗网交易及进行洗钱犯罪活动等。

8.3 大数据隐私与安全的防护技术

数据的生命周期一般可以分成生成、变换、传输、存储、使用、归档和销毁七个阶段。根据大数据和应用需求的特点,对上述阶段进行合并与精简,可以将大数据应用过程划分为采集、存储、挖掘和发布四个环节。数据采集环节是指数据的采集与汇聚,安全问题主要是数据汇聚过程中的传输安全问题;数据存储环节是指数据汇聚完毕后大数据的存储,以保证数据的机密性和可用性,同时提供隐私保护;数据挖掘是指从海量数据中抽取出有用信息的过程,需要认证挖掘者的身份,严格控制挖掘的操作权限,防止机密信息的泄露;数据发布是指将有用信息输出给应用系统,这需要进行安全审计,并保证可以对可能的机密泄露进行数据溯源。

8.3.1 数据采集与存储安全技术

海量数据的存储需求催生了大规模分布式采集和存储模式。在数据采集过程中,可能存在数据损坏、数据丢失、数据泄露、数据窃取等安全威胁。大数据具有如此高的价值,大量的黑客就会设法窃取平台中存储的大数据以牟取利益,如果数据采集和存储的安全性得不到保证,将会极大地限制大数据的应用和发展。

1. **数据采集安全技术**

数据采集过程中多使用身份认证、数据加密、完整性保护等安全机制来保证安全性。本小节首先讨论数据采集过程中的传输安全要求,简要介绍虚拟专用网(Virtual Private Network,VPN)技术,并重点介绍目前最常用的 VPN 技术——SSL VPN 在大数据传输过程中的应用。

1)传输安全要求

数据传输安全要求主要有以下四点。

（1）机密性：只有预期的目的端才能获得数据。

（2）完整性：信息在传输过程中免遭未经授权的修改，即接收到的信息与发送的信息完全相同。

（3）真实性：数据来源真实可靠。

（4）防止重发攻击：每个数据的分组必须是唯一的，保证攻击者捕获的数据分组不能重发或者重用。

2）VPN 技术

VPN 技术将隧道技术、协议封装技术、密码技术和配置管理技术结合在一起，采用安全通道技术在源端和目的端建立安全的数据通道，将待传输的原始数据进行加密和协议封装处理后，再嵌套装入另一种协议的数据报文中，使其像普通数据报文一样在网络中进行传输。因此，通过在数据节点及管理节点之间布设 VPN 的方式，满足安全传输的要求。

SSL VPN 凭借其简单、灵活、安全的特点得到了迅速的发展。它采用标准的安全套接协议，支持多种加密算法，可以提供基于应用层的访问控制，具有数据加密、完整性检测和认证机制，而且客户端无须安装特定软件，更容易配置和管理，从而降低了总成本并提高了远程用户的工作效率。SSL VPN 协议提供的安全连接具有三个特点：连接的保密性、连接的可靠性和非对称密码认证体制。

SSL VPN 系统的组成按功能可分为 SSL VPN 服务器和 SSL VPN 客户端。SSL VPN 服务器是公共网络访问私有局域网的桥梁，它保护了局域网内拓扑结构信息；SSL VPN 客户端是运行在远程计算机上的程序，它为远程计算机通过公共网络访问私有局域网提供了一条安全通道，使得远程计算机可以安全地访问私有局域网的资源。SSL VPN 服务器相当于一个网关，拥有两种 IP 地址：一种 IP 地址与特有局域网在同一个网段，相应的网卡直接连在局域网上；另一种 IP 地址是申请合法的互联网地址，相应的网卡连接到公共网络上。

在 SSL VPN 客户端，需要针对其他应用实现 SSL VPN 客户端程序，这种程序需要在远程计算机上安装和配置。SSL VPN 客户端程序相当于一个代理客户端，当应用程序需要访问局域网内的资源时，它就向 SSL VPN 客户端程序发出请求，SSL VPN 客户端程序再与服务器建立安全通道，然后转发应用程序并在局域网内进行通信。

大数据环境下的数据应用和挖掘需要以海量数据的采集与汇聚为基础，采用 SSL VPN 技术可以保证数据在节点之间传输的安全性。以电信运营商的大数据应用为例，运营商的大数据平台一般采用多级架构，处于同地理位置的节点之间需要传输数据，在任意传输节点之间均可部署 SSL VPN，保证端到端的数据安全传输。配置安全机制意味着需要额外的开销，引入传输保护机制后，除了数据安全性外，对数据传输效率的影响主要有两个方面：一是加密与解密对数据速率造成的影响；二是加密与解密对主机性能造成的影响。

2. 数据存储安全技术

数据存储安全技术包括隐私保护、数据加密、备份与恢复等，如图 8-5 所示。事实上，在数据应用的整个生命周期中都需要考虑隐私泄露问题。从数据应用角度来看，隐私保护是将采集到的数据变形，以隐藏其真实意义，所以将隐私保护技术放在数据存储阶段介绍比较合适。

1）隐私保护

隐私保护的目的主要包括保证数据应用过程中不泄露信息和更好地利用数据两个方面。

当前隐私保护领域的研究工作主要集中于如何设计隐私保护原则和算法，以更好地达到这两方面的平衡。隐私保护技术可分为以下三类。

（1）基于数据变换的隐私保护技术。

所谓数据变换，简单来说就是对明暗属性进行转化，保持原始数据部分真实性，同时确保某些数据或数据属性不变的保护方法。数据失真技术通过扰动原始数据来实现隐私保护，旨在使扰动后的数据不被攻击者发现，同时失真后的数据仍然保持某些性质不变。目前，此类技术主要包括随机化、数据交换、添加噪声等。

（2）基于数据加密的隐私保护技术。

这种技术采用对称或非对称加密方法在数据中隐藏敏感数据，多用于分布式应用环境中，如分布式数据挖掘、分布式安全查询、几何计算、科学计算等。分布式应用一般采用两种模式存储数据：垂直划分数据和水平划分数据。垂直划分数据是指分布式环境中每个站点只存储部分属性的数据，所有站点存储的数据不重复；水平划分数据是将数据记录存储到分布式环境中的多个站点，所有站点存储的数据不重复。

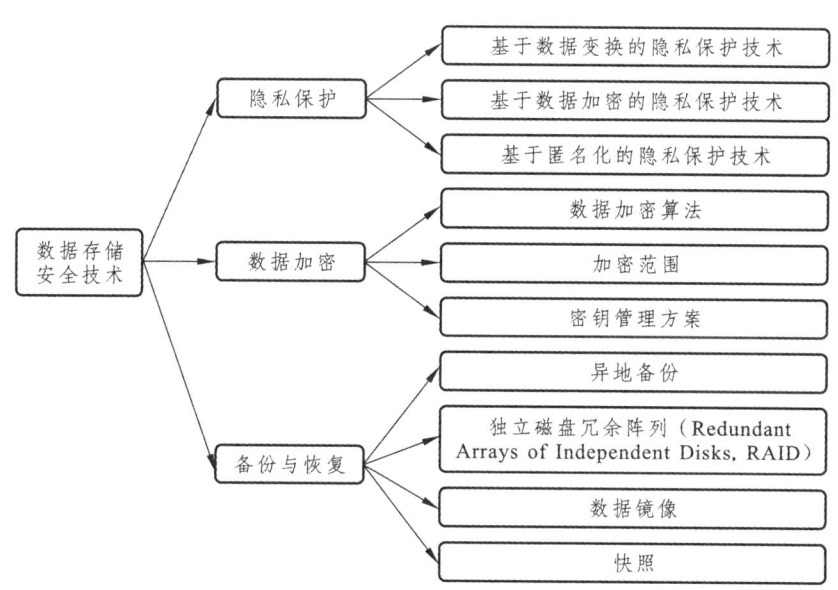

图 8-5　数据存储安全技术

（3）基于匿名化的隐私保护技术。匿名化是根据具体情况有条件地发布数据，例如不发布数据的某些域值、数据泛化等。限制发布即有选择地发布原始数据，不发布或者发布精度较低的敏感数据，以实现隐私保护。数据匿名化一般采用两种基本操作：抑制和泛化。

每种隐私技术都存在优缺点，基于数据变换的技术效率较高，但存在一定程度上的信息丢失；基于加密的技术则刚好相反，它能保证最终数据的准确性和安全性，但计算开销较大；限制发布技术的优点是能保证所发布的数据一定真实，但发布的数据会有一定的信息丢失。在大数据隐私保护方面，需要根据具体的应用场景和业务需求选择适当的隐私保护技术。

2）数据加密

大数据环境下，数据可以分为两类：静态数据和动态数据。静态数据是指文档、报表、资料等不参与计算的数据,动态数据则是需要检索或参与计算的数据。对于需要计算的动态数据,目前还没有成熟的方案,因为动态数据需要在 CPU 和内存中以明文形式存在;对于静态数据来说,目前有数据加密算法、密钥管理方案及安全基础设计三种数据加密机制。

(1)数据加密算法。数据加密算法有两类:对称算法和非对称算法。对称算法是其本身的逆反函数,即加密和解密使用同一个密钥,解密时使用与加密相同的算法即可得到明文,常见的对称加密算法有 DES、AES、IDEA、RC4 和 RC5 等。非对称加密算法使用两个不同的密钥:一个公钥和一个私钥。在实际应用中,用户管理私钥的安全,而公钥需要发布出去,用公钥加密的信息才能被解密,反之亦然。

实际工程中常采取的解决方法是将对称加密算法和非对称加密算法结合起来,利用对称密钥系统进行密钥分配,利用对称密钥加密算法进行数据加密,尤其是在大数据环境下加密大量的数据时,这种结合尤为重要。

(2)加密范围。在大数据存储系统中,并非所有的数据都是敏感的,对那些不敏感的数据进行加密完全没有必要。尤其是在一些高性能计算环境中,敏感的关键数据主要是计算任务的配置文件和计算结果,这些数据相对来说敏感程度不高。但对于数据量庞大的计算源数据来说,敏感数据在系统中的比例不是很大。因此,可以根据数据敏感性对数据进行有选择性的加密,仅对敏感数据进行按需加密存储,避免对不敏感数据的加密,可以减少加密存储对系统性能造成的损失,对维持系统的高性能有积极的意义。

(3)密钥管理方案。密钥管理方案包括密钥粒度的选择、密钥管理体系及密钥分发机制。密钥是数据加密不可或缺的部分,密钥数量与密钥的粒度直接相关。密钥粒度大,方便用户管理,但不适合细粒度的访问控制;密钥粒度小,可以实现细粒度的访问控制,安全性更高,但产生的密钥数量太多,难以管理。

适合大数据存储的密钥管理办法主要是分层密钥管理,即"金字塔"式密钥管理体系。这种密钥管理体系就是将密钥以金字塔的方式存放,上层密钥用来加密和解密下层密钥,只需将顶层密钥分发给数据节点,其他层密钥均可直接存放于系统中。考虑到安全性,大数据存储系统需要采用中等或细粒度的密钥,因此当密钥数量过多而采用分层密钥管理时,数据节点只需保管少数密钥即可对大量密钥加以管理,效率更高。

3)备份与恢复

数据存储系统应提供完备的数据备份和恢复机制来保障数据的可用性和完整性。一旦数据丢失或破坏,可以利用备份来恢复数据,从而保证故障发生后数据不丢失。常见的备份与恢复机制有异地备份、RAID、数据镜像和快照四种。

(1)异地备份是保护数据最安全的方式。在发生火灾、地震等重大灾难的情况下,当其他保护数据的手段都不起作用时,异地备份的优势就体现出来了。异地备份有三种方式,即基于磁盘阵列、基于主机方式和基于存储管理平台。

(2)RAID 系统使用许多小容量的磁盘驱动器来存储大量数据,使可靠性和冗余度得到提高。所有 RAID 系统的共同特点是具备"热交换"能力,即用户可以去除一个存在缺陷的驱动器,并更换一个新的驱动器。对大多数 RAID 来说,不必使用终端服务器就可以自动重建某个故障磁盘上的数据。

(3)数据镜像就是保留两个或两个以上在线数据的副本。以两个镜像为例,所有写操作在两个独立的磁盘上同时进行,当两个磁盘都正常工作时,数据可以从任意磁盘读取。如果一个磁盘读取失效，则数据还可以从另一个正常工作的磁盘读取。远程镜像根据协议方式的不同可划分为同步镜像和异步镜像。

（4）快照是数据的一个副本，可以迅速恢复遭到破坏的数据，减少宕机损失。快照的作用主要是进行在线数据备份与恢复，当存储设备发生应用故障或者文件损坏时可以快速恢复数据，将数据恢复为某个可用时间点的状态。快照可以实现备份，在不产生备份窗口的情况下，也可以帮助用户创建一致性的磁盘快照，每个磁盘快照都可以被认为是一次对数据的完全备份。快照还具有快速恢复的功能，用户可以根据存储管理员的设置，定时自动创建快照，通过磁盘回退，快速回滚到指定的时间点上。

8.3.2 数据挖掘安全技术

数据挖掘是大数据应用的核心部分，是挖掘大数据价值的过程，即从海量的数据中自动抽取隐藏在数据中的有用信息的过程，有用信息包括规则、概念、规律和模式等。数据挖掘融合了数据库、人工智能、机器学习、统计学、模式识别、神经网络等多个领域的理论和技术，其专业性决定了拥有大数据的机构往往不是专业的数据挖掘者，因此经常会引入第三方挖掘机构。下面要先解决对数据挖掘者的身份认证和访问控制问题。

1. 身份认证

身份认证是指计算机及网络系统确认操作者身份的过程，即用户的真实身份与其生成的身份是否符合的过程。根据被认证方能够证明身份的认证信息，身份认证技术可以分为以下三种。

（1）基于秘密信息的身份认证技术。这里的秘密信息是指用户拥有的秘密，如用户ID、口令、密钥等。该技术包括基于账号和口令等的身份认证，基于对称密钥的身份认证，基于密钥分配中心的身份认证和基于公钥的身份认证等。

（2）基于信物的身份认证技术，主要有基于信用卡、智能卡、令牌等的身份认证。智能卡也称令牌卡，实际上是IC卡的一种，其组成部分包括微处理器、存储器、输入/输出部分和软件资源。为了提高性能，通常会有一个分离的加密处理器。

（3）基于生物特征的身份认证技术。这包括基于生理特征（如指纹、声音、虹膜）的身份认证和基于行为特征（如步态、签名）的身份认证等。

2. 访问控制

访问控制是指主体依据某些控制策略或权限对客体或资源进行的不同授权访问，旨在限制对关键资源的访问，防止非法用户进入系统和非法用户对资源的非法使用。访问控制是进行数据安全保护的核心策略，为有效控制用户访问数据存储系统，保证数据资源的安全，可授予每个系统访问者不同的访问级别，并设置相应策略以保证合法用户获得数据的访问权。访问控制可以是自主的或非自主的，常见的访问控制模式有以下三种。

（1）自主访问控制。自主访问控制是指对某个客体具有拥有权（或控制权）的主体能够将对该客体的一种访问权或多种访问权自主地授予其他主体，并在随后的任何时刻将这些权限收回。这种控制是自主的，即具有授予某种访问权利的主体能够自己决定是否将访问控制权限的某个子集授予其他主体,或从其他主体那里收回它所授予的访问权限。自主访问控制中,用户可以针对被保护对象制定自己的保护策略。这种机制的优点是具有灵活性、易用性和可拓展性;缺点是控制需要自主完成,这带来了严重的安全问题。

(2)强制访问控制。强制访问控制是计算机系统根据使用系统的机构实现既定的安全策略,对用户的访问权限进行强制性的控制。也就是说,系统独立于用户行为,从而强制执行访问控制,用户不能改变其安全级别或对象的安全属性。强制访问控制具有很强的等级划分,所以经常用于军事领域。强制访问控制在自主访问控制的基础上,增加了对网络资源的属性划分,规定了不同属性下的访问权限。这种机制的优点是安全性比自主访问控制的安全性高,缺点是灵活性差。

(3)基于角色的访问控制。数据库系统可以采用基于角色的访问控制策略,建立角色、权限与账号管理机制。基于角色的访问控制的基本思想是在用户和访问权限之间引入角色的概念,将用户和角色联系起来,通过对角色的授权来控制用户对系统资源的访问。这种方法可以根据用户的工作职责设置若干角色,不同的用户可以具有相同的角色,在系统中享有相同的权利;同一个用户又可以同时具有不同的角色,在系统中行使多个角色的权利。

虽然这三种访问模式在底层机制上不同,但它们可以相互兼容,并以多种方式组合使用。

8.3.3 数据发布安全技术

数据发布是指大数据经过挖掘分析后,向数据应用实体输出挖掘结果数据的环节,其安全性尤为重要。数据发布前必须对即将输出的数据进行全面的审查,确保输出的数据符合"不隐秘、不隐私、不超限、合规约"等要求。数据输出环节的安全审计技术和数据溯源机制是必不可少的。

1. 安全审计

安全审计是指在记录与系统安全有关的活动的基础上,对系统进行分析处理,评估审查,找出安全隐患;对系统安全进行审核、稽查和计算,追溯造成事故的原因,并作出进一步的处理。目前常用的审计技术有以下四种:

(1)基于日志的审计技术。通常 SQL 数据库和 NoSQL 数据库都具有日志审计功能,通过配置数据库即可实现对大数据的审计。日志审计能够对网络操作及本地操作数据的行为进行审计,由于依托现有的数据存储系统,因此兼容性较好。但这种审计技术的缺点也比较明显:首先在数据存储系统上,开启自身日志审计对数据存储系统的性能有影响,特别是在大流量情况下损耗较大;其次,日志审计的记录细粒度较差,缺少一些关键信息;最后,日志审计需要到每一台被审计的主机上进行配置和查看,较难进行统一的审计策略配置和日志分析。

(2)基于网络监听的审计技术。该技术是通过将数据存储系统的访问镜像到交换机的某一个端口,然后通过专用硬件设备对该端口流量进行分析和还原,从而实现对数据访问的审计。基于网络监听的审计技术的最大优点就是与现有数据存储系统无关,部署过程不会给数据库系统带来性能上的负担,即使出现故障也不会影响数据库系统的正常运行,具备易部署、无风险的特点。但是,其部署的实现原理决定了网络监听技术在针对加密协议时,可以审计到时间、源 IP、源端口、目的 IP、目的端口等信息，但无法对内容进行审计。

（3）基于网关的审计技术。该技术通过在数据存储系统前部署网关设备，在线截取并转发到数据存储系统实现审计。该技术起源于安全审计在互联网审计中的应用，在互联网环境下，审计过程除了记录外还需要关注控制，而网络监听方式无法实现很好的控制效果，因此多数互联网厂商选择通过串行方式来实现控制。

（4）基于代理的审计技术。该技术通过在数据存储系统中安装审计程序实现审计策略的配置和日志的采集，与日志审计技术比较类似，最大的不同是需要在被审计主机上安装代理程序。基于代理的审计技术的审计粒度优于基于日志的审计技术。但是，因为代理审计不是基于数据存储系统本身的，所以其性能损耗大于基于日志的审计技术。在大数据环境下，数据存储于多种数据库系统中，故需要同时审计多种存储架构的数据。基于代理的审计技术存在一定的兼容风险，且在引入代理审计后，原数据存储系统的稳定性和可靠性会受到影响。

2. 数据溯源

数据溯源是对大数据应用周期的各个环节的操作进行标记和定位，在发生数据安全问题时，可以及时准确地定位到出现问题的环节和责任者，以便解决数据安全问题。目前对数据溯源的理论研究主要基于数据集溯源的模型和方法，主要有标注法和反向查询法。这两种方法是基于数据操作记录的，对于恶意窃取、非法访问者来说，很容易破坏数据溯源信息。数据溯源的应用有数据库应用、工作流应用和其他方面的应用。随着大数据和云计算的不断发展，数据溯源问题变得越来越重要。

8.3.4 防范 APT 技术

大数据应用环境下，APT 的安全威胁日益凸显。首先，大数据技术实现了数据的逻辑或物理上的集中，相对于在分散的系统中搜集有用的信息，集中的数据系统为 APT 搜集信息提供了便利；其次，数据挖掘过程中可能会有多方合作的业务模式，外部系统对数据的访问增加了泄露机密和隐私的途径。

1. APT 的特征

高级持续性威胁（APT）是一种网络攻击，其特征为高度定制和复杂的攻击手段、长期监控和访问、人为策划和参与等，旨在长时间潜伏在目标网络中，不断收集信息并最终取得重要数据。

（1）高度定制和复杂的攻击手段。这类攻击往往需要攻击者花费大量时间和资源来研究目标系统内部的漏洞，并制作特定的恶意软件进行渗透。

（2）长时间地监控和维持对目标的访问。这种攻击模式不是为了立即产生效果，而是"放长线"，在达到特定目的之前，持续监视目标，保持对目标的长期访问权。例如，"震网"病毒成功攻击了伊朗核设施的离心机，并在两个月内报废了大量设备，直到一个编程错误导致蠕虫扩散，才被发现。

（3）人为策划和参与。与一些自动化的攻击不同，APT 通常由一个组织精心策划和执行，具有明确的目标和意图，并且背后往往有强大的资金支持。SolarWinds 供应链事件便是一个典型的案例，黑客通过植入后门的方式成功渗透了多家大公司和政府机构，影响了全球至少 30 万家大型政企机构。

（4）隐蔽性强。攻击者通常会利用各种手段避免被网络安全设备发现，如采用匿名网络、加密通信、清除痕迹等措施来自我保护。同时，APT 攻击常使用先进的技术手段，包括尚未公开的零日漏洞，这些漏洞难以被传统的基于特征匹配的防御技术检测出来。

综上所述，APT 攻击因其高度复杂、隐蔽和持久的特性，成为当今网络安全领域面临的一大挑战。要有效防御 APT 攻击，需要采取多层次多方位的措施，包括沙箱技术、信誉技术、异常流量分析和大数据分析等方法，建立纵深防御体系。

2. APT 的防范策略

目前的防御技术与防御体系很难有效应对 APT，导致被攻击很长时间后才会被发现，甚至可能有许多 APT 未被发现。新的安全防御体系具有新的安全思维，即放弃保护所有数据的观念，转而重点保护关键数据，即在传统的纵深防御的网络安全防护基础上，再在各个可能的环节上部署检测和防护手段。

1）防范社会工程

防范社会工程需要一套综合性措施，既要根据实际情况完善信息安全管理策略，如禁止员工在个人微博上发布与工作相关的信息，禁止在社交网站上公布私人身份和联络信息等，又要采用新型的检测技术，提高识别恶意程序的准确性。社会工程是利用人性的弱点针对个人进行的渗透过程。因此，提高个人的信息安全意识是防止社会工程攻击的基本方法。

绝大部分社会工程攻击是通过电子邮件或即时信息进行的。管理设备应该做到阻止内部主机对恶意 URL 的访问。对表面上看是一个普通数据文件的邮件，比较有效的方法是用沙箱模拟真实环境访问邮件中的 URL 或打开附件，观察沙箱主机的行为变化，以有效检测出恶意程序。

2）全面采集行为记录，避免内部监控盲点

收集 IT 系统行为记录是异常行为检测的基础和前提。大部分 IT 系统行为可以分为主机行为和网络行为两个方面，更全面的行为采集还包括物理访问行为记录采集。

（1）主机行为采集，一般是指完成主机上的行为监控程序，对有些行为记录可以通过操作系统自带的日志功能实现自动输出。为了实现对进程行为的监控，避免被恶意程序探测到监控程序的存在，行为监控程序通常在操作系统的驱动层工作，并且越底部越好，但如果实现上有错误，很容易引起系统的崩溃。

（2）网络行为采集。一般是通过镜像网络流量，将流量数据转换成流量日志。以 NetFlow 为代表的早期流量日志只包含网络层信息。近年来的异常行为大多集中在应用层，仅凭网络层的信息难以分析出有价值的信息。应用层流量日志的输出，关键在于应用的分类和建模。

（3）IT 系统异常行为检测。异常行为检测的核心思想是通过流量建模识别异常。异常行为包括下载恶意程序到目标主机、目标主机与外网的服务器进行联络和内部主机向服务器传送数据。而异常行为检测的核心技术是元数据提取技术、基于连接特征的恶意代码检测规则以及行为模式的异常检测算法。

【阅读案例 8-3】
美国大选背后的个人隐私与大数据相关问题

美国总统竞选是一项注重公众参与的活动，了解公众的需求、获得公众的喜好并加以满足是人赢得大选的关键。现在的候选人早已意识到总统竞选在社交网络上全方位展开时，实际是在激发诱导选民社交圈的社会认同感。曾经以"为民众赋予权力"为基础的民主制度，在个人隐私受到窥探的背景下，可能变成针对个人的行为操纵。人们以为是自己自主做出了选择，但其实只是坠入了精心设计好的陷阱。这与商业巨头对消费者的操纵相似，都是潜在对象心甘情愿地掏出钱包和投出选票。

1. 对个人隐私的窥探

当今世界，人们留下的数据痕迹无处不在，每一次注册/登录、每一次网络搜索、每一步行走、每一条社交网站上的状态更新，都会被记录、分析和整理，最终被用于制定针对个人的精准决策。这些决策不仅用在商业活动、娱乐和营销中，甚至用在美国总统大选中。2016年的美国总统大选被德国《商报》称为"第一次数字化竞选"，在这场盛大的政治活动中，大数据、社交网络、软件机器人、黑客甚至维基解密等词汇频繁出现。两党候选人都拥有强大的技术班底，投入大量资金用于获取和使用投票者的信息上，并且借助社交网络的力量，最大化自己的胜率。

如今的候选人已经意识到，以互联网为基础的信息技术可以在政治角逐中起到巨大的作用。人们将自己的信息放到网上，让各类网站记录自己的个人和财产信息，在社交网络上公开发表观点。这些公开的信息可以用来描绘特定用户的面貌，其准确程度远远超过人口普查的结果。这些数据蕴藏着商业和政治的新机遇——虽然并非清晰可见，但无疑是一座金矿。2008年奥巴马获选的重要原因之一是其借助了互联网的优势。在他竞选成功后，《纽约时报》的一篇文章甚至写道："如果没有互联网，奥巴马就不可能是总统。"奥巴马和选民们在社交网站上的互动，帮助他获得了历史上最多的选票及数额最高的小额募捐资金。按照《连线》杂志的说法，奥巴马在竞选连任时，对当初帮他入主白宫的每位美国选民都了如指掌。所以在2016年的美国总统大选中，两党对数据收集、分析、整理和使用的高度重视，也就变得理所当然了。

2. 数据的力量

在进入21世纪之前，美国总统竞选采用的还是延续多年的方式：电视广告、电子邮件、上门拜访、社区活动和巡回演讲。然而，在2000年的美国总统大选中，候选人开始用互联网来募集竞选资金和动员志愿者；2004年，刚刚发展起来的数据挖掘技术就成了竞选的秘密武器，用来分析特定群体的需要，然后为他们定制针对性的信息和传播渠道；在2016年的大选中，新技术被不断开发出来，传统技术也被应用到极致。

与大多数政治分析家不一样，内特·希尔沃从来不靠自己的政治经验来预测结果。这位前审计顾问和德州扑克职业玩家，因为用算法模型准确预测了2008年和2012年的总统大选和各州投票结果而名声大噪，以至于每次竞选活动之后，报纸杂志都会说："内特·希尔沃预测认为……"但其实内特·希尔沃认为什么并不重要，重要的是他的预测模型如何认为。在个人网站上，他发表了候选人的当选概率并实时更新，每次发生公众事件或者有了新的民意调查结果，这些概率就会变化。这些概率是预测模型计算出来的，而预测模型则建立在数据事实的基础之上。

民意调查结果一直是美国总统大选时最倚重的数据来源。在长达大半年的总统竞选活动中，会有许多组织通过不同方式进行大量调查，将结果汇总成民意调查数据。该模型收集整理来自各个渠道的民意调查数据，根据历史表现调整它们的重要性，靠大量数据消除单次调查结果中可能出现的偏差，改善模型的准确性并作出预测。收集、处理、运算、反馈，循环往复，逐渐完善。对于更大规模的数据，总统候选人也采用了相同的策略，所依赖的数据来源不仅包括民意调查结果，还涵盖了诸多社交网站和公开及私有的数据库。及时收集这些数据，并且帮助制定策略以获得更多选民的大数据技术，成为两党候选人的重要武器。

"我们喜欢用'武器化'这个词来描述用数据来洞察不同阵营的选票上下变化。"深根分析公司的分析主管大卫·西赖特说。这家公司为美国共和党候选人特朗普提供数据分析支持。在民主党中扮演相同角色的是目标明智公司，其首席执行官汤姆·伯尼尔认为："随着对大数据技术的日益重视，在今年大选中将不再会出现奥巴马那样独占优势的状况，两党的技术武器变得更加旗鼓相当。"这家公司正在尝试更有创新意义的做法：将美国超过 2 亿的选民资料与大型网站和社交网络上的个人账号相匹配。这将是一个巨大的突破，可以将网络行为对应到具体的个体，再与已经构成的、庞大的用户个人数据相结合，最终完全由准确数据来驱动竞选策略。

传统上的美国总统竞选，候选人代表的是利益集团，但是在大数据时代，每一个选民都变得重要起来。由数据驱动的竞选策略将会帮助候选人筛选出吸引特定选民的最佳行为。这意味着电视广告的时段和内容。网站广告的选择和展示时间，甚至是应该用电子邮件还是电话来争取某位选民的选票，都能通过数据确定下来。竞选双方都在争取那些摇摆的投票者，这些人可能因为某个细微的举动、某句话就转投另一个阵营。摇摆投票者们的意识形态、价值观各有不同，乐于接受信息的方式和渠道各异，对候选人的关注点也不同。英国的剑桥分析公司与共和党签订了价值 500 万美元的订单，帮助特朗普分析可能争取到的摇摆投票者，并且改善针对他们的信息传递方式。这家公司的素材来自超市购物记录、电视节目播放记录和互联网浏览记录，为每个用户建立了 4 000～5 000 个数据点，精确分类用户，并且设计专门的方案来说服他们。数据决定了谁将会是下一任美国总统，总统竞选也从对政治经验和民众倾向的复杂判断变成了精准微妙的数字游戏。候选人的技术顾问通过各种活动、数据库和社交网站构建选民数据库，再精益求精地改善算法，以求设计出最可能赢得选民的政策、说辞，甚至是细微的动作和外套的颜色。这是高度定制化的竞选策略，背后隐藏的是对选民详细资料的透彻了解。这些技术可以达到相当精细的程度：2016 年 8 月，共和党在一次宣传活动中，通过 10 万个网页向社交网站 Facebook 的用户展示了广告，而其中每一个网页都瞄准了一位不同类型的选民。

3. 投网民所好

在全民上网时代，想要接触到选民不再困难，想要了解他们的需求和观点也不是遥不可及的任务。社交媒体正在成为新的主要新闻源，仅 2013—2015 年，通过 Facebook 和 Twitter 等社交媒体阅读新闻的用户比例就增长了 30%，在年轻人中比例更高，甚至 2016 年的候选人辩论也延伸到了社交媒体上，成为全天候的多方对话，而不再只是电视上 3 小时的辩论直播。

在 2016 年 10 月 18 日晚上最后的总统候选人辩论中，大众不仅关注辩论本身，同时也在关注以 Twitter 为代表的社交媒体。数据分析公司实时收集用户的言论，再把结论分享给大众。

辩论刚刚结束,结果就已经出现:与特朗普有关的言论中,带有负面情绪的内容占62%;与希拉里有关的言论中,带有正面情绪的占54%。社交媒体的互动特性使收集观点和预测投票变成了常规的实时活动,两个阵营都在收集各大社交网站的数据,分析每一次发布的转发和评论,再仔细考虑下一次发布的措辞。在了解选民信息和倾向的基础上,竞选团队和选民甚至可以深入地一对一沟通,从而加深彼此关系,获得更多选票。

即使能够收集选民的数据,也不意味着会得出准确的结果。在科学实验中,为了得出客观的结果,观察者不应该介入系统当中,但选举过程并非科学实验,而对数据的挖掘和展示本身也会影响到整个系统。每次预测的变化都会引发大量媒体报道和社交网络话题,这些话题会影响选民的投票意愿,进而影响预测算法的结果。这种效应可能会导致整个系统偏离方向。

今天人们对网络生活的态度、对信息工具的依赖以及对网络渠道的重视程度,与几年前已大不相同。信息技术正在影响人们思考和做出决策的方式,而"影响他人"也已经有了截然不同的含义。

政客们及其竞选团队不仅会更了解选民们的个人信息,还会更清楚民众的愿望。数据虽然提供了更多诱导大众的工具,但也让政客们更多地受制于民众真正的需求。候选人们已经意识到,在他们身处的世界,信息正变得更公开透明。技术搭起了桥梁,让候选人和选民不再彼此陌生,候选人会更认真地考虑民众的想法,而选民也会更乐于发出自己的声音。

8.4 数据权益的资产化

一般来说,一种资源成为资产的必要条件有三点:第一,所有权明确;第二,定价明确;第三,具备可交易性。所有权明确、定价明确是可交易的基础,只有可交易的资源才会产生经济效益,进而成为资产。信息的资产化就是将信息进行确权、定价并使其转化成资产的过程。

有研究人员提出了个人信息的数据权益资产化的概念,即在确保安全的前提下,将个人信息进行确权并定价,使其具备可交易性,成为一种无形资产。其实现过程是在法律允许的条件下,首先对个人信息进行确权,其次对个人信息进行定价,使其具备可交易性,最后使其成为属于信息所有者的类似于知识产权的一种无形资产,即相当于赋予个人信息新的身份——商品。通过确权、定价和交易产生价值流通,意味着个人信息将会从价值形态向资产形态转化。

数据权益资产化的意义包括:

(1)尝试平衡数据权益保护与使用的关系。
(2)激发公民维护、管理个人信息的积极性。
(3)提高个人信息利用的真实性、全面性、时效性更高。
(4)打破信息壁垒,增加数据流动。
(5)使数据使用方可按需、随时使用个人信息。
(6)避免个人信息采集和使用过程中的法律纠纷。
(7)降低使用方的信息获取成本。
(8)影响和制约信息所有权的建立。

8.4.1 数据权益资产化的定价

目前，国内外主要的数据定价方法有协议定价法、第三方定价法、元组定价法、查询定价法和实时定价法。

1. 基于博弈论的协议定价法

协议定价就是数据拥有者和数据购买者在第三方平台的协助下，通过讨价还价，对价格达成统一意见，这也是目前应用最为广泛的数据定价方法。首先，数据拥有者根据自身对数据的认识，为打算出售的数据初步定价。其次，数据购买者如果认可数据拥有者提出的价格，则买卖双方交易成功，否则，买卖双方可通过反复报价、磋商的方式进行议价。最后，当买卖双方达成统一，定价交易成功，否则交易失败。如果同时存在多名数据购买者并且该购买者需要独占数据，则数据拥有者可以采取拍卖的形式对数据定价，出价最高者可拥有数据的购买权。

在当前的数据交易实践中，协议定价是应用最为广泛的方法。它的优点是定价过程较为便捷，且议价活动直接发生在买卖双方之间，目的性与针对性均较强。但是它的缺陷也十分明显，由于数据买卖双方信息不对称，对数据价格的认识不一致，数据价值评估往往并不准确，导致数据价格与真实价值容易出现偏差，甚至出现非法套利的现象。

2. 基于数据特征的第三方定价法

可信的第三方定价普遍运用于国内外大数据交易平台。在数据拥有者无法对数据进行准确定价的情况下，可以委托第三方进行定价并交易。例如数据集市、上海大数据交易中心等数据交易平台可以根据自身拥有的数据特性对数据进行定价，其中数据量、数据时间跨度、数据完整性等都可作为衡量数据质量的指标。通过第三方定价法，每个数据集的价格都将根据数据属性和数据集的数据量进行计算。

但是，利用第三方定价法的前提是需要保证第三方交易平台是完全可靠的。当前国内外的数据交易平台组成成分比较复杂，政府、企业和个人都参与其中，未形成规范统一的交易平台，导致交易平台不够透明，用户在使用交易平台时容易出现信息误传及信息不对称的情况。此外，使用第三方定价法时，买卖双方往往交易的是整个数据集，第三方并未给每个数据元组定价，即使用户仅需要部分数据，也必须购买整个数据集，这在一定程度上造成了资源浪费。

3. 实时定价法

数据产品的实时定价法仿照股票、期权、期货等金融产品的定价模式。在该模式下，数据产品存在一个初始上市价值，此价值取决于样本数据的体量及样本的数据价值。当数据产品以初始价值上市销售后，其价值将受到市场供需的影响，实时浮动。这种定价方式的优点在于充分考虑了市场对价格的决定力量，使定价更为科学、合理。但它的缺点是容易滋生投机行为，改变数据的商品性质，扰乱市场秩序。

8.4.2 数据权益的交易

我国大数据交易的主要模式包括基于大数据交易所的大数据交易、基于行业数据的大数据交易、数据资源企业推动的大数据交易、互联网企业派生的大数据交易。

本章小结

本章围绕大数据的隐私与安全问题，详细阐述了大数据隐私与安全的定义和防护策略，重点论述了在大数据应用的整个生命周期中各个环节的安全防护技术。在大数据采集阶段，主要关注传输数据的机密性保护；在大数据存储阶段，重点考虑大数据的隐私保护和备份技术；在大数据挖掘阶段，主要是对数据库中的数据进行计算和处理；大数据的发布阶段为大数据的输出环节，关注的重点是数据审计技术。APT 是近年来兴起的热门攻击技术，具有危害大、隐蔽性强等特点，可能潜伏在大数据生命周期的任意环节，对大数据的可用性和机密性造成严重影响。本章也探讨了大数据下的防范 APT 策略，隐私保护数据加密、备份与恢复、APT、管理安全、存储安全、应用安全。

思考与练习

一、选择题

1. 以下（　　）不是对 APT 的正确描述。
   A. 长时间重复这种操作
   B. 适应防御者来产生抵抗能力
   C. 无目标、有组织的攻击方式
   D. 维持在所需的互动水平以执行偷取信息的操作
2. （　　）是指系统中的某个实体假装成另一个实体，以获取系统的权限和特权。
   A. 假冒　　　　B. 授权侵犯　　　　C. 旁路控制　　　　D. 陷阱
3. 数据停留在（　　）阶段的时间最长，其也是保障数据安全的一个关键环节。
   A. 采集　　　　B. 挖掘　　　　C. 存储　　　　D. 发布
4. 信息在传输过程中免遭未经授权的修改，即接收到的信息与发送的信息完全相同，是数据传输（　　）的要求。
   A. 真实性　　　　B. 完整性　　　　C. 机密性　　　　D. 防止重发攻击
5. 在防范 APT 时，要收集和记录 IT 系统行为，以下（　　）不是对 IT 行为的分类。
   A. 主机行为　　　　　　　　　B. 网络行为
   C. 物理访问行为　　　　　　　D. 个人隐私信息

二、判断题

1. 数据安全具有保密性、完整性和可用性三个基本特点。　　　　（　　）
2. 在数据传输层次上对存储和传输的信息进行安全保护是数据安全的基本保障。（　　）
3. 渗入威胁包括木马病毒和陷阱。　　　　　　　　　　　　　　（　　）

4. 大数据应用过程分为采集、存储、挖掘、发布四个环节。（   ）
5. SSL VPN 系统的组成按结构可分为 SSL VPN 服务器和 SSL VPN 客户端。（   ）
6. 数据镜像就是保留两个或两个以上在线数据的副本。（   ）

三、简答题

1. 简述大数据安全的特点。
2. 大数据隐私与安全的防护策略有哪些？
3. 简述大数据隐私与安全的防护技术分类。
4. 大数据存储安全技术有哪些？
5. 简述 APT 的定义和特征。
6. 身份认证技术有哪几种？

第 9 章 大数据营销

本章导读

在传统营销中,最难的是如何获取准确的用户信息,实现精准营销。我们见证了销从"以产品为中心"到"以用户为中心"的转变。一方面,随着近年来移动互联网和新社交媒体的发展,消费者个性化需求凸显,消费者日益成为商业行为的主导者;另一方面,大数据分布式存储、大数据挖掘及分析技术的发展为海量数据的收集、整合、处理、分析等操作提供了技术支持。大数据和人工智能技术作为时代的产物,让营销变得多样化和复杂化。同时,它们也为企业实现精准营销、优化管理、提升市场竞争力创造了无限可能。

本章介绍大数据营销的概念、发展历程、应用原理及重要相关知识点等。

学习目标

(1)熟悉大数据营销的基本概念、特征、分类与应用领域。
(2)客户细分技术:掌握如何使用大数据进行客户细分,以实现精准营销。
(3)案例研究分析:通过分析真实案例,理解大数据营销策略的实际应用。

思政目标

(1)强调大数据营销在推动社会进步和商业创新中的作用,激发学生的创新思维和主动探索精神。
(2)在大数据营销的实践中,引导学生理解和遵守相关的法律法规,培养良好的职业道德。

9.1 大数据营销的发展历史

2012 年开始,"大数据"逐渐成为国内最热门的关键词,和大数据紧密关联的"大数据营销"也在迅速走红,成了近年企业追捧的营销关键词。作为一个现象,虽然走进大众的视野时间不长，但关于大数据营销的研究和实践已具有一定的历程。从专业学习和研究的角度，有必要了解大数据营销是如何产生发展的，这样才能更好地理解它的本质内涵以及洞察未来的发展趋势。

在 20 世纪初，围绕消费者数据的营销研究就已经开展，如"直复营销""数据库营销"等，有学者认为直复营销是数据营销的起源。早在 19 世纪 80 年代，西尔斯百货通过直复营销模式（目录采购+货到付款），迅速占领了美国市场。而进入 20 世纪 90 年代，随着电话营销的兴起，直复营销逐渐被数据库营销取代。在银行、IT、保险等行业，几乎每个企业都建立了庞大的呼叫中心，通过呼叫中心这种简单、廉价的方式为用户提供"营销—销售—售后"的端到端服务。学者和企业开始意识到，通过消费者数据分析能够提供更加精准的营销，从而节省费用，提高效率。但无论是从数据可用规模和类型，还是从数据分析工具可以达到的深度和范围，以及营销应用的平台和领域，那个时代的营销还不能称得上是真正意义上的大数据营销。学者们虽然把数据驱动的营销发展潜力纳入研究范围，但主要还是停留在概念层面。

关注数字互动的学术研究在 2000 年左右开始大量增加。1998 年，《直效营销杂志》更名为《互动营销杂志》并开始发行，该杂志在 1999 年发表一个重要观点：所有的营销都是或很快将会是互动营销。

同时，2000 年"互联网泡沫"的爆发，使人们意识到：营销战略不应该过分依赖营销大师的建议，而应该基于实践的观察和实际数据。这让人们开始重新审视对数据营销的科学理解，迫使大家寻求更严格的科学方法去解释这一领域的现象。

无论是研究现象的表征，还是人们迫切的需求，其都表明：21 世纪，以大量消费者数据为基础、智能分析技术为支撑、新兴线上平台为应用空间的大数据营销真正开始了。

9.1.1　数字营销阶段

从广义上讲，所谓数字营销，就是指借助互联网络、计算机通信技术和数字交互式媒体来实现营销目标的一种营销方式。数字营销将尽可能地利用先进的计算机网络技术，以最高效、最经济的方式开拓新市场，挖掘和新消费者。从狭义上讲，本书认为数字营销偏向于使用工具化的网络、数据实现智能化营销。以下将围绕狭义数字营销领域的研究和应用展开叙述。

1. 第一阶段：2000—2004 年

随着互联网的普及，商品信息量急剧增加，一方面消费者拥有了海量的信息和便捷的搜索工具，另一方面也增加了消费者的搜索成本和选择难度。数字营销在这一阶段研究的重点之一是作为搜索与决策支持工具的网络，以及开始初探预测消费者偏好的方法。例如，以互联网为决策工具，将消费者行为研究与新购物方式（网购）联系在一起。研究者探索了两个决策工具：智能搜索和比较矩阵。智能搜索起到筛选作用，能剔除大量相关性不强的产品。而比较矩阵则通过比较产品和评估较少的选择来促进产品优化选择。比如，研究人员研究了80 个购买了某些产品的被试验人员。他们中有些有决策辅助工具，而有些没有。结果表明，决策辅助工具能够促进高质量产品的选择，降低搜索成本，得到更优的选择。有的研究已经引入综合筛选，为决策提供消费建议。尽管学者们认为互联网是一种用来获取消费者看法和促进销售的手段,但营销人员仍对依靠数字化工具所收集的数据持怀疑态度。

2. 第二阶段:2005—2009 年

上一阶段,研究者们提出互联网可以帮助优化消费者各种行为活动的观点,这也是后来智能营销研究主题的重要初始研究基础。本阶段,研究者开始研究在互联网环境下各类参与者之间的联系。例如,通过购物广告链接在不同网站之间流动来产生用户流量。其中一项研究数据来源于一家法国电子商务公司,该公司允许用户建立自己的在线商店(以网站形式),并将他们的商店链接到其他商店(加入"社区电商")。研究发现,卖家间的联系越紧密,即商店之间的链接浏览方式越方便,市场总收入就越高。相比之下,使客户"陷入"浏览"死胡同"的结构会降低收入,浏览便利性的缺乏也更有可能使客户离开该市场。但是对于从业者所担忧的网络陷阱,研究人员认为在高度互联网的环境中依然存在可能。为了达到广告客户的预算或提高第三方的流量收益,有人(从广告中获得流量收益的竞争对手、第三方网站)会利用欺骗手段促使用户点击搜索广告,这种"点击欺诈"行为已作为一种现象被研究。

3. 第三阶段:2011—2014 年

这一阶段,互联网全面进入社交媒体时代。因此对于绝大多数研究大数据营销的学者来说,研究的重点都放在了社交媒体营销领域。而这部分的内容会在本书后面的社交媒体板块详细介绍。在实践中,越来越多的企业把社交媒体渠道作为收集市场情报的手段。尽管学术研究证明用户原创内容可以被营销人员用来监听用户行为,但研究者认为企业仍然不知道如何将从社交媒体用户那里收集的数据转化为可行性营销手段。尽管智能手机会产生大量的数据,但这并不意味着企业能收集到重要的数据并进行适当的分析,再根据分析结果制定激励方案。研究者认为,营销从业人员在这方面的关注度并没有达到应有的程度。

4. 第四阶段:2015 年至今

2015 年到 2016 年年初,国际顶级期刊论文发表的数字表明我们已经进入数字营销研究的"井喷"时代。分析这些研究论文不仅使我们能够看到核心主题将如何发展,还给我们提供了该领域的新思维、新数据研究方法和细分领域。一些学者重新研究了搜索广告,但采用了一些新的分析方法。例如,先前的研究考虑了搜索顺序的重要性:一些研究认为搜索靠前的广告通常更容易,而另一些研究则认为点击量与排序无关。还一些研究则体现在对数据分析工具的改善上。搜索是用户获取营销信息的重要来源,这一研究主题仍然出现在最新的研究中。营销人员可以通过分析消费者搜索词汇的变化来推断消费者喜好的变化,进而调整他们的营销手段。一项研究将包含消费者实际搜索词条信息的搜索趋势数据与各种品牌支出和特征相关的营销组合数据结合起来考虑。研究认为,这种新的数据组合降低了重复联合分析的高执行成本或回复率较低的问题。

9.1.2 社交媒体营销

进入 21 世纪以来,社交媒体营销领域的研究和实践都在围绕着人们在社交媒体上的行为以及企业如何利用社交媒体推广品牌和促进销售。其中,在研究领域的关键词是在线口碑营销。随着网络的发展和普及,以及在线社区的不断发展,对于这一主题的研究内容和方法也在不断变化,同时衍生出新的研究主题,如用户原创内容、内容营销。而业界也在不断提高对社交媒体的投入和预期,改变传统的营销方式以适应不断变化着的消费者需求。以下将展示这一领域的研究实践和发展。

1. 第一阶段:2000—2004 年

这段时间,研究者把用户作为信息受众或信息源,用户会利用互联网与其他用户发生联系。当时的研究显示,在线体验会增强和影响消费者的线下生活,这也是一个在此后多年中不断被提及并进行定量研究的主题。例如,研究在线社区中用户的沟通行为,特别是用户在线评论形成的相互影响。同时,研究人员也在探索在线口碑营销和在线社区。研究发现,在线口碑营销对电视消费的确有一定的影响。网络论坛可能是隐性观察消费者口碑营销数据的重要来源,但是这类研究需要依法使用在线聊天数据。

2. 第二阶段:2005—2009 年

这段时间环境发生了巨变。首先互联网作为在线讨论和信息存储的作用扩大了。其次,用户原创内容在此期间变得越来越普遍。另外,本阶段也见证了社交媒体到主流的进化,众多的社交网站纷纷成立以抢占市场。这些外界因素都使得大部分消费者不仅是社交网络的使用者,他们在在线社交互动中,通过在线口碑和社交网络的方式还推动了社交媒体营销的发展,起到了更积极的作用。在这一阶段,网络论坛除了表达个人意见外,开始直接与营销实践相结合。

早期关于在线口碑营销的研究显示,网络论坛可以用于评估口碑营销活动,并且在线口碑的确能影响营销效果,特别是在电商网站允许用户可以发表产品评论后(即用户原创内容),这种影响显得尤为显著。许多研究团队采用多种方法和数据源开展这一主题的研究。例如,研究了著名的网络书店亚马逊上图书的在线评分、评论是如何影响网站上的图书销售的(即销售排名)。他们发现用户生成的评分(1~5 级)和评论(文字)与销售水平正相关,产品评分和评论(文字)对销售有明显的影响。还有研究利用以在线评论为指标的预测模型来预测电影票房。后来的研究者开始将在线口碑营销与传统营销(媒体、公关和线下活动的形式)进行比较和重复研究。研究显示,相比于在线口碑,传统营销更能在短期内吸引客户,而在线口碑营销更能在长期内吸引客户。这些研究的发现对企业如何优化营销费用支出有重要启示。

3. 第三阶段:2011—2014 年

此阶段最大的特征就是互联网全面进入社交媒体时代。2009—2011 年,美国的互联网使用率已经达到 80%。同时,社交网站开始整合。此外,许多新的社交平台在这个时期出现,它们致力于满足用户生活的多个方面。因此,用户在被市场影响的同时也在积极塑造新的市场,许多消费者的生活都呈现出"永远在线"和"即时连接"的情况,特别是在智能手机普及之后。社交媒体使用户随时成为某一品牌的广告客户、传播者和消费者。

这个阶段,消费者不仅仅是在线口碑营销流的贡献者,还可以放大或破坏营销行为。研究人员和从业者受到这一趋势的启发,试图用新技术手段将社交平台转变为新营销平台。在理论上，利用消费者在社交媒体上提供的个人信息和行为信息，至少可以在社交平台上进行大规模在线口碑营销、病毒式营销和针对目标群体的数字广告营销。消费者的在线活动和内容生成本身成为营销人员的工具。例如，使用共生内容来设计酒店排名系统，帮助用户做出最好的选择。一项基于微贷款市场的数据分析表明，与传统媒体（如在传统报纸官方网站评论）相比，社交媒体对销售的长期影响更大。尽管学术研究增长迅猛，但社交媒体营销却没有得到极大的发展。对口碑营销、客户吸引和盈利能力之间关系的研究，尚未对营销从业人员如何将社交媒体作为其营销组合的一部分的想法产生巨大影响。

4. 第四阶段：2015 年至今

这个阶段继续研究消费者如何在网上个性化地表达。学者研究了之前的在线口碑营销，特别是激励口碑营销的方式，如"病毒式"或"种子式"营销方法。由于社交媒体营销的兴起，已经有研究者开始研究社交平台中企业生成的商业化内容。这些通常被称为"内容营销"，现在被用作补充甚至有时替代了传统广告。某些研究探讨了社交媒体中的企业内容营销对销售的影响。

9.1.3 移动营销

移动营销（Mobile Marketing）的概念在 2009 年被美国移动营销协会（Mobile Marketing Association，MMA）首次提出，指基于定位的、经由移动设备或网络进行的，通过个性化定制与消费者相关的互动的形式，使企业与消费者能沟通交流的一系列（营销）实践活动。该定义认为移动营销具备基于消费者当前的背景环境及地理定位，进行品牌传播、营销交流和商业活动的潜力。本书认为移动营销必须满足以下三点：第一，实现双向沟通；第二，至少一方必须使用移动设备而不是固定的物理设备；第三，无论长期还是短期，至少有一方在寻求经济利益。那么学者和业界在移动营销领域的研究和应用又是怎样的呢？不同于数字营销和社交媒体营销的研究，移动营销的研究相对开始的时间比较晚，内容也相对比较零散，所以采取按内容整合的方式呈现。

1. 移动营销的特征

移动营销的特征可以用"4I"来概括，即分众识别（Individual Identification）、即时信息（Instant Message）、互动沟通（Interactive Communication）和我的个性化（I）。

（1）分众识别。不同类型的用户使用移动互联网的目的不同，且具有各自不同的偏好。因此，企业有必要对其用户进行评价，并根据用户的目的、兴趣、购买经历及忠诚度为其定制个性化的内容与服务。

（2）即时信息。移动设备相较于 PC 来说，主要具备三个优势，即便利、便携和高效。这些特性使得企业营销人员可以将促销信息或产品更新通过移动渠道即时推送给消费者，消费者也能即时访问。

（3）互动沟通。传统媒体只给企业提供了单向传播渠道，其巨大的瓶颈在于消费者互动和参与的缺失，而移动营销双向沟通的定义就指出了其互动的特性。在移动环境下，互动更应考虑连接性（与更多资源的连接）、娱乐性和个人沟通（与个人更个性化的沟通），而且移动营销的感知互动性越强，与顾客的沟通效果就越好。

（4）我的个性化。移动设备具个性化、私人化、功能复合化和时尚化的特点。移动服务为消费者带来的附加价值在于让消费者可以随时随地进行访问，以及为消费者提供基于时间、地点及个人喜好的个性化定制。而在移动互联时代，人们对个性化的需求比以往任何时候都更强烈。

2. 移动营销的类型

Pousttchi 和 Wiedemann 通过文献研究、案例分析和业内访谈，识别出移动营销的四种投放类型（信息、娱乐、抽奖和优惠券）和六个目标（建立品牌意识、改变品牌形象、促销、提升品牌忠诚度、创建用户数据库和传播移动口碑），并最终归纳出移动营销的类型及形式。其中，建立品牌意识与改变品牌形象都属于提升品牌知名度的范畴，而移动口碑的传播及用户数据库的创建，则都是为最终提升顾客对品牌的忠诚度服务的。因此，移动营销的目标可以概括为提高品牌知名度、促进最终销售和提高忠诚度三个方面。

近年来，随着移动技术的不断发展和企业对移动营销价值认识的不断深入，移动营销出现了新的发展趋势，投放类型也越来越丰富。通过对各类移动营销活动的分析，将移动营销的投放类型大体分为经济刺激与非经济刺激两类。红包、优惠券、抽奖等都属于经济刺激类营销，信息、问卷/投票、娱乐等则属于非经济刺激类营销。经济刺激类营销活动的效果是否一定超过非经济刺激类？两类营销活动对不同目标的达成是否具有各自不同的影响？不同营销类型的组合或不同视觉设计要素的组合对最终的消费者行为及感知价值会产生何种影响？这些问题还有待学术界深入探索。

3. 移动营销与传统营销的区别

从移动营销的特征可知，移动营销相较传统营销能根据特定的地点和时间更精确地定位目标用户，能利用消费者数据库更好地衡量和追踪消费者的反应，并与之进行双向互动，沟通与传播的成本也较低。此外，移动设备与 PC 不同，它们的键盘及屏幕尺寸都比较小，且配备了摄像头、扫描器和全球定位系统等，同时它们都使用无线网络连接，具有便携和可移动等特点，这些都使得移动营销与传统营销有许多不同，详情如表 9-1 所示。

表 9-1 移动营销与传统营销的区别

区别	传统大众营销	传统互联网营销	移动营销
用户年龄	各年龄层	以中青年群体为主	以年轻群体为主
传播平台	传统媒体用户	有限的 PC 端用户	全面的移动端用户
传播方向	单向传播	以单向传播为主	双向互动
传播成本	高	低	低
传播类型	各种格式的文本、音频与视频	各种格式的文本、音频与视频	受限于传播速度及视觉空间大小的文本、音频与视频

续表

区别	传统大众营销	传统互联网营销	移动营销
营销设计	丰富翔实	丰富翔实	简约清晰
营销终端	固定媒体	PC单屏	多屏交互
营销路径	泛化传播	水平撒网	立体真实
营销效果	品牌展示	品牌展示及促销	即时参与

首先,传统大众媒体(报纸、杂志、电视等)只向其用户单向传递信息,传统互联网则对有限的 PC 用户进行传播,并且也以单向传播为主,而移动营销的传递对象为广大的移动设备用户,企业可与消费者进行随时随地的双向互动。另外,受限于屏幕尺寸及带宽,移动营销传播的信息受到更严格的限制,消费者不会在移动端阅读过于详细的、需要较长决策时间的产品或服务内容,更偏向于阅读设计简约、流程简单的信息,这就导致营销设计的不同。

其次,传统 PC 端营销被固锁在设备附近,这种近似静态的单屏交互方式,使得企业的营销操作及用户扩展受到时间、地点、界面和使用方式的极大限制。而由于移动设备的便携、便利与高效,移动终端可以出现多机共存的局面,手机、平板、可穿戴设备等都能成为移动营销的进入接口,多设备互动将成为移动营销用户的主要行为特征之一。另外,传统互联网营销通常实行线上水平撒网的营销模式,而基于 LBS(Location Based Service,基于位置服务)的定位优势,移动端使线上线下同步的立体场景营销成为现实。相比之下,传统大众营销的传播则因过于泛化而无法创造基于情境的价值。如何将二者进行融合重构,也成为营销界需要面对的一个重要问题。

最后,相关学者也对移动营销中的消费者行为和移动营销感知价值做了大量研究。在移动消费者行为研究中,学者们多基于理性行为理论、计划行为理论、技术接受模型和创新扩散理论,或营销学中的满意理论,来对消费者行为进行分析,主要涉及消费者对移动营销的态度、接受、采纳与使用。与迅速发展的移动营销实践活动相比,移动营销的相关学术研究还比较滞后。例如,企业在实施移动营销时,往往需要将移动营销纳入其整体营销计划,那么在整合过程中,企业的组织架构及 IT 架构是否要发生相应的改变?在将移动营销与其他营销活动进行整合时,预算和人员如何配置才是最优的?如何在整合后的整体营销活动中衡量移动营销的贡献?跨国企业在制定全球移动营销策略时,又该如何针对不同文化背景的消费者实施相应的移动营销方案呢?这些问题都是未来的研究需要探讨的方向。

9.2 "互联网+"时代下的营销革新

商业社会中,营销是一个常谈常新的话题。任何商业活动,都离不开营销的支持,否则商业活动将变得死气沉沉。而进入互联网时代,尤其是在"互联网+"如此火热的时代,营销的生机被再次激发,焕发出更迷人的魅力。

人类社会正从 IT 时代走向 DT 时代,这不但意味着技术发生了巨大的改变,更意味着人类的思想观念和思维方式也要发生巨大的变化。以往以技术为主的生产方式将转变为以人为主、以用户需求为主的生产方式。企业生产与消费者生活将不再是各自独立的存在，消费者的需求将决定企业的生产方向，消费者的个性化选择及参与也将影响企业产品的生产和制造。这种"用户为王"的理念，正是"互联网+"时代和DT时代生产和生活方式的真实写照。

在这个日新月异的"互联网+"时代，消费者的生活方式也在发生深刻的变化，如图9-1所示。智能移动终端成为他们连接世界最主要的方式；个性化、定制化是他们最迫切的需求；社交是他们生活不可或缺的一部分，他们渴望构建社群，渴望表达自己的一切想法和愿望；支付方式的快捷性成为他们的追求，比如支付宝、微信支付等，无现金消费方式受到广泛欢迎；娱乐化成为生活的新常态，同时他们希望生活中的万物都可以实现联网，不管是汽车、智能家居，还是茶杯、电视……

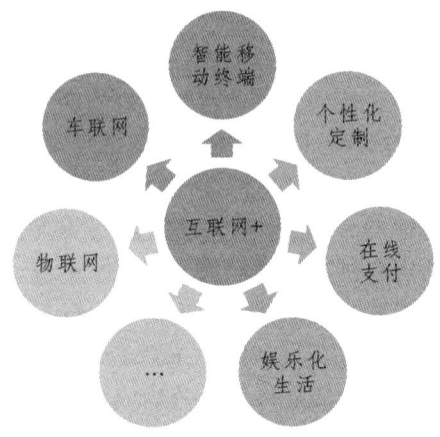

图9-1 "互联网+"模式

面对消费者生活方式的变化与大数据和"互联网+"热潮的挑战，企业必须迅速融入DT时代与"互联网+"时代。尤其是企业的营销者，更应具备DT和"互联网+"思维，积极将企业的营销融入时代潮流中，探寻能够链接客户并能适合企业自身情况的营销模式，实现更加长远和稳定的发展。

其实，很多具有前瞻性的企业已经有所行动，他们已经先人一步，借助互联网找到了适合自己的发展模式，并引领了行业的潮流，如图9-2所示。

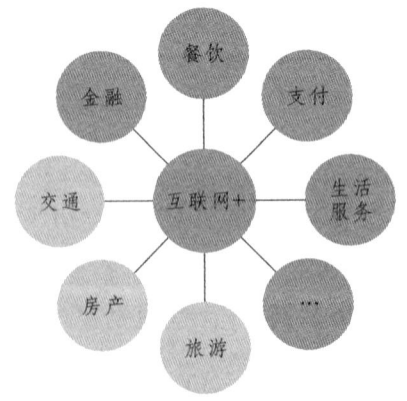

图9-2 "互联网+"模式与各行业的融合

出租车市场：不管是滴滴出行还是其他，它们已经利用互联网敲开了传统出租车市场的大门。滴滴专车、滴滴拼车等细分的服务，已经吸引了大批的消费者，出门有专车接送，上班有人拼车，既不需要承受公交、地铁的拥挤，又节省了出行费用，这都得益于互联网的魅力。加上企业对消费者的红包、支付券补助，消费者和司机实现了双赢。

餐饮市场：以往很多餐饮企业，尤其是高档餐饮企业，根本没有提供线上点餐和线下配送，认为其只适合快餐模式。但如今随着美团外卖、饿了么等互联网餐饮企业的崛起，很多餐饮企业都纷纷加入互联网外卖市场，希望能赢得一席之地。

支付领域：支付宝拥有大量用户，占据了很大一部分线上支付市场；很多消费者已经习惯了线上支付，现金支付的消费方式正在慢慢成为过去；微信支付同样毫不示弱，通过"社交+支付"的方式培养消费者的支付习惯；加上余额宝、理财通等与支付相关联的理财产品，还有线上信用消费，如支付宝的花呗、芝麻信用、京东白条等，支付领域正爆发一场轰轰烈烈的革命。

旅游领域：这几年旅游 APP 正努力迎合着消费者消费习惯的变化。相比以往需要订旅行团才能出行的方式，如今只要拿出手机，打开相关 APP，酒店、车票、餐厅服务一应俱全，全都可以预订；想自驾游，用租车 APP 同样可以搞定；想个性旅行，两个人的个性化小众团随时可报；加上百度地图、高德地图等 APP 的兴起，给人们的出行带来了极大的便利。

上门服务领域：过去雇佣员工需要去人才市场寻找，即使是互联网时代的早期，想要找保姆、找装修工人等，也需要大量搜索信息，令企业和消费者都倍感烦恼。如今，保姆上门、美甲上门、厨师上门、代驾上门、洗车上门等服务不胜枚举，消费者只需在专门的 APP 上下单订购，就能轻松搞定。互联网已经完全改变了企业的营销模式和消费者的生活方式。

还有很多传统行业与互联网结合的例子，这里不再赘述。在互联网深刻改变人们生活的今天，消费者所有的喜好、习惯、需求等都被互联网悄然记录，并以数据形式保存下来。而这些数据，经过大数据技术的处理，就能立体而完整地呈现消费者的需求，为企业营销提供强大的支持。

在大数据时代，通过数据分析构建用户画像进行精准化营销推送的例子也有很多。他们把消费者最想要得到的信息精准地传递给消费者，如服饰、餐饮以及各类商品，如图 9-3 所示。这些营销方式的改变都离不开大数据的支持。

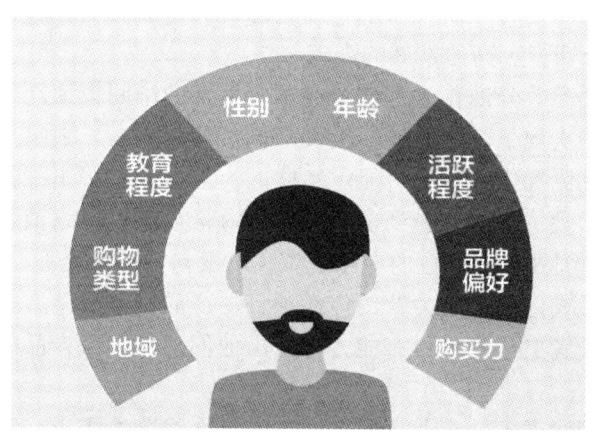

图 9-3　消费者特征

营销人士都明白，无论什么时候，能够满足客户需求，把客户最需要的产品送到客户手里，这才是最快速且高效的营销方式。在大数据出现之前，营销人员并不能如此轻松而准确地把握客户的内心需求。如今有了大数据这一利器，企业营销者的精准营销梦想得以实现。不过，大数据仅仅只是工具，并不是目的，营销者在精准营销的过程中，要始终以客户的需求为中心，注重客户体验，才能真正赢得客户的信任。

9.2.1 大数据技术支撑下的精准营销

作为一名商务人士，您可能要经常乘坐飞机。如果有一天，当您坐在飞机上时，在事先没有提出任何要求的情况下，一名面带微笑的空姐将一杯清新的绿茶端到您面前，可千万不要感到惊讶。因为通过对您之前乘坐飞机的信息进行整理和分析后，航空公司可以了解您乘坐飞机时的各种喜好，并据此为您提供贴心的服务。国内一些航空公司正在进行这方面的研究，希望通过对旅客数据的精细分析实现精准营销，并为旅客提供个性化的服务。如2005年成立的春秋航空，就在数字化销售渠道上占据了先机。它率先注册了新浪微博官方账号，接着推出微信的订票服务、航班动态查询及机器人客服答疑。在全面运用数字营销平台的基础上，春秋航空还通过逐渐增加的客户资源进行数据挖掘，以更好地服务和开拓客户。有了对客户的精准统计分析，就可以更有针对性地进行营销推广，从而为企业带来最大的营销收益和客户忠诚度。

未来数字化营销的主要方向将是基于大数据的定制化营销，它是在大规模生产销售的基础上，将市场细分到极致，把每一位顾客视为一个潜在的细分市场，并根据每位顾客的特定要求，采取单独设计生产并快速交货的营销方式。

精准营销就是在精准定位的基础上，依据大数据建立个性化的顾客沟通服务体系。大数据为企业构建精准的营销体系提供了保证和手段。精准营销通过可量化的精确的市场定位突破传统营销定位只能定性的局限。

精准营销借助先进的数据库技术、网络通信技术以及现代高效分散物流等手段，保障和顾客的长期个性化沟通，使营销达到可度量、可调控等精准要求。它摆脱了传统广告沟通的高成本束缚，使企业低成本快速增长成为可能。精准营销的系统手段保持了企业和客户的密切互动沟通，从而不断满足客户个性需求，建立稳定的企业忠实顾客群，实现客户链式反应增值，从而满足企业长期稳定高速发展的需求。

精准营销借助现代高效分散物流，使企业摆脱繁杂的中间渠道环节及对传统营销模块式营销组织机构的依赖，实现了个性关怀，极大降低了营销成本。数字技术平台为消费者与商家之间的互动与信息交流提供了新的可能。互联网为消费者呈现出一幅通过电子商务增强自身社交能力的新图景。除了可以接触到前所未有的海量信息，网络消费者还可以权衡一系列产品消费的利弊，接触到独立而专业的专家资源，以及与不同的企业、机构进行高效的交流。

因此，网络消费者或许可以成为营销传播项目、产品设计及两者之间关联的价值建构中的重要角色。这些消费者更乐意且更有能力传达出他们对品牌及产品的意见诉求，无论这些意见是正面还是负面的。

在数字技术时代的背景下，商业更应立足于满足在线购物需求。除了受惠于网络处理系统对海量顾客信息的处理，企业应开发出更先进的、客户导向的商业模型，制定电子商务战略与项目，以便更精确地定义并满足客户需求。数字技术改变营销环境的潜在可能性使人们开始了一系列对消费者、营销策略和营销导向的研究，企业将根据这些研究构建基于互联网的客户关系。早期的研究重点在于如何在电子营销环境下进行消费群体的描述、定位及细分。

互联网 2.0 和社交媒体已深刻地改变了消费者的购买决策和体验。消费者更倾向于基于网络上的评论来评估产品，并进行比价。此外，许多消费者表示，社交媒体上褒贬不一的评论对其决定是否购买某一产品具有一定影响，企业在社交媒体上的影响力将提高他们购买该企业产品的可能性。消费者在网络上留下的数字足迹也十分重要。这些足迹包括：消费者在购物网站或社交媒体上发表的对产品的评价；在购物网站和搜索引擎上留下的购买意向信号；机顶盒记录下的用户收视内容偏好等。这些使得营销人员可以更方便和准确地洞察消费者行为。

按照传统的"二八理论"，企业需要重点关注带来 80%利润的前 20%的客户。因为按照传统方式，虽然企业能够将触角延伸到更多的消费者，了解更多消费者的需求，从而更好地预测需求趋势，但随之而来的则是成本的大幅度增加。

然而在大数据时代，企业无须再回避或忽视其余 80%的客户。因为新技术可以让企业在成本可控的前提下，在更大的范围内精准地开展营销和商业活动，同时由于能够精准锁定客户，反而可以为企业节省大量的成本。

9.2.2　构建私域化流量池

私域流量是指从公域（Internet）、它域（平台、媒体渠道、合作伙伴等）引流到自己私域（官网、客户名单），以及私域本身产生的流量（访客）。私域流量是可以进行二次以上链接、触达、发售等市场营销活动的企业私有化经营数字化资产。私域流量和域名、商标、商誉一样属于企业私有的经营数字化资产。

私域流量是相对于公域流量而言的，后者的代表包括：线上的百度、淘宝、腾讯、抖音、快手、小红书等平台，以及线下的商场、核心商圈等场所。私域流量和公域流量具有相对性，对商家而言，这些平台和场所的流量显然属于公域流量，但对于这些平台自身而言，其用户流量则是它们的私域流量。

私域流量，简言之，是指那些能够随时触达、直接沟通与管理的用户。对淘宝、百度、腾讯等平台而言，平台上的用户便是其私域流量；对个人和商家而言，个人社交平台上的好友便是私域流量。众多私域流量聚合在一起，便形成了私域流量池。当私域流量被转化为实际购买行为的用户后，他们便成了私域用户。

下面用"AIV 标准"来详细阐述私域流量的含义。所谓"AIV 标准"，是指私域流量应具备可自由触达、IP 化、有黏性这三个特点。

（1）可以自由触达（Accessibility）：这意味着私域流量的拥有者可以不通过第三方平台，直接触达这些流量。这里的触达是指与流量直接互动或将信息传达给流量。

（2）IP 化：企业、商家、个人如果想聚集私域流量，需要打造一个对用户拥有一定影响力的人格化的 IP（知识产权）。人格化的 IP 是基于社交网络的私域流量池搭建的有效节点。这个 IP 可以是 KOL（关键意见领袖），也可以是 KOC（关键意见消费者），它利用自身的势能来吸引私域流量，提升其转化率和黏性，充分挖掘其长期价值。

（3）有黏性（Viscosity）：是保证私域流量池稳定性关键。如何提高私域流量的黏性？一是建立彼此之间的信任，这是基础；二是将陌生关系转化为弱关系，进而提升为强关系；三是要能为私域流量提供价值；四是不断强化 IP 属性。

由此可见，只有那些深入社交圈、借助 IP 势能聚集的流量才是私域流量，由这些流量聚集成的私域流量池可能存在于个人微信、小程序或 APP 平台上。正是基于上述因素，阿里巴巴、腾讯、京东等企业都开始强化社交属性，强调以"人"为中心，完成由"货"到"人"的转移。

接下来分别对公域流量和私域流量进一步说明，如图 9-4 所示。

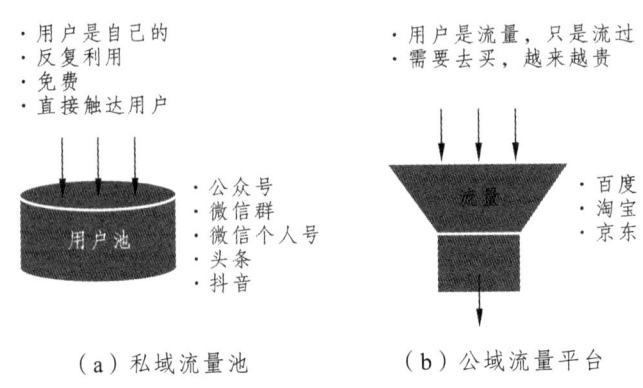

（a）私域流量池　　　（b）公域流量平台

图 9-4　私域流量与公域流量

公域流量：其他平台的流量，基本是一次性流量。

私域流量：自己可以掌握，不需要再额外花钱购买的流量。

在公域流量的基础上有人提出商域流量的概念。商域流量是指需要付费购买的公域流量，属于公域流量的商用部分。表 9-2 所示阐述了私域流量、公域流量、商域流量三者的异同点。

表 9-2　私域流量、公域流量、商域流量三者的异同点

特质＼流量	私域流量	公域流量	商域流量
可获取性	高	高	由资金决定
流量稳定性	高	低	高
黏性	高	低	低
典型平台	企业 APP、企业小程序、个人微信号	线上：淘宝、百度、腾讯、抖音、快手、小红书等平台；线下：商场、游乐场、核心商圈	线上：淘宝、百度、腾讯、抖音、快手、小红书等平台；线下：商场、游乐场、核心商圈

在私域流量的基础上又衍生出私域电商的概念，它和传统电商、社交电商的共同点是，都围绕着"人、货、场"进行经营活动，只是三者的表现形式和变现方式存在一定的差异。但私域电商是指那些拥有私域流量，能够减少对拥有公域流量平台的依赖，借助社交媒介，

用社交方式与客户沟通并完成交易的商户。

9.2.3 用户画像系统

在互联网迈入大数据时代的背景下,用户行为给企业的产品和服务带来了一系列的改变和重塑。其中最大的变化在于,用户的一切行为在企业面前是可"追溯"和"分析"的。企业内保存了大量的原始数据和各种业务数据,这是对企业经营活动的真实记录。如何更加有效地利用这些数据进行分析和评估,成为企业在大数据背景下面临的关键问题。随着大数据技术的深入研究与应用,企业越来越关注如何利用大数据来为精细化运营和精准营销服务,而要实现精细化运营,首先要建立本企业的用户画像。

用户画像,即用户信息标签化,是指通过收集用户的社会属性、消费习惯、偏好特征等各个维度的数据,进而对用户或者产品特征属性进行刻画,并对这些特征进行分析、统计,挖掘潜在价值信息,从而抽象出用户的信息全貌,如图9-5所示。用户画像可看作企业应用大数据的根基,是定向广告投放与个性化推荐的前置条件,为数据驱动运营奠定了基础。由此看来,如何从海量数据中挖掘出有价值的信息越发重要。

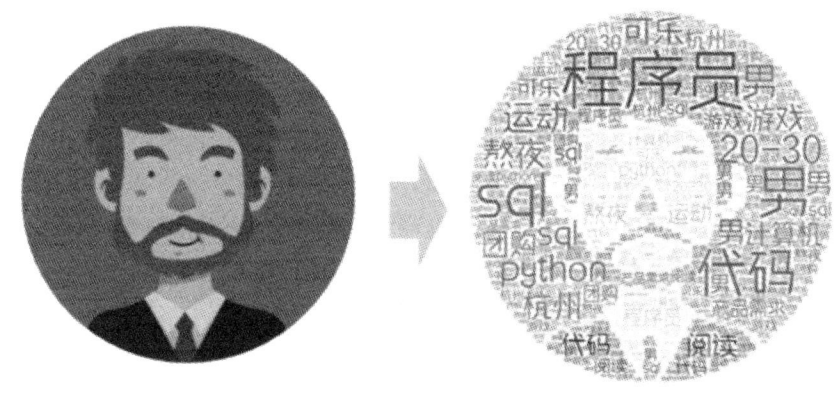

图 9-5 用户画像

用户画像通俗来说就是给用户从各个维度打上标签,这些标签是通过对用户信息分析而得出的高度精炼的特征标识。通过打标签,可以利用一些高度概括、容易理解的特征来描述用户,让人更容易理解用户,并且可以方便计算机处理。

用户画像是对现实世界中用户的建模,应该包含目标、方式、组织、标准、验证这5个方面。

目标:用户画像的目标是帮助企业更好地理解其目标受众,以便根据这些信息来定制营销策略、产品改进、客户支持和用户体验,从而更好地满足客户需求,提高客户忠诚度,并最终增加业务的成功。

方式:分为非形式化手段和形式化手段。非形式化手段使用文字、语言、图像、视频等方式对用户进行描述;形式化手段是使用数据的方式来刻画人物的画像。

组织:指的是采用结构化或非结构化的组织形式。

标准:指的是使用常识、共识、知识体系的渐进过程来刻画人物,以认识了解用户。

验证：说明用户画像应基于事实，经得起推理和检验。

用户画像的作用：

（1）精准营销：根据历史用户特征，分析产品的潜在用户和用户的潜在需求，针对特定群体，利用短信、邮件等方式进行营销。

（2）用户统计：根据用户的属性、行为特征对用户进行分类后，统计不同特征下的用户数量、分布，进一步分析不同用户画像群体的分布特征。

（3）数据挖掘：以用户画像为基础构建推荐系统、搜索引擎、广告投放系统，提升服务精准度。

（4）服务产品：通过用户画像对产品进行受众分析，更透彻地理解用户使用产品的心理动机和行为习惯，完善产品运营，提升服务质量。

（5）行业报告与用户研究：通过用户画像分析可以了解行业动态，比如人群消费习惯、偏好分析，不同地域品类消费差异分析。除了能透视分析单个人群在多个维度上的特征，还可以同时分析多个人群在不同维度上的表现。业务人员可以根据不同业务规则同时创建两个人群，然后筛选对比维度，从多个维度上对比分析这两个人群的特征。

用户画像产品化只是把数据应用到业务服务中的一个重要出口，方便业务人员分析用户群特征，将分析后的用户群推送到对应业务系统中，即方便、快捷地将数据赋能到业务场景中去。企业想要在营销和业务增量上有更大的突破，还需要在用户画像的基础上，做更多产品策略性的思考。

本章小结

大数据营销是一种利用大数据分析技术来提高营销效率和效果的方法。大数据营销可以帮助企业更好地理解客户，提高营销的精准度和效果。但同时也要注意数据的合法合规使用，保护客户隐私。

思考与练习

1. 请简述大数据营销的特点。
2. 从传统营销到大数据营销的变革主要体现在哪些方面？
3. 请举例说明数字营销的变革体现在哪些方面？
4. 请简述移动营销的 4I 模式。

参考文献

[1] 安俊秀，王鹏．靳宇倡．Hadoop 大数据处理技术基础与实践[M]．北京：人民邮电出版社，2015．

[2] 蔡立志，武星，刘振宇．大数据测评[M]．上海：上海科学技术出版社，2015．

[3] 陈海淳，郭佳肃．大数据应用启示录[M]．北京：机械工业出版社，2017．

[4] 陈军君．大数据应用蓝皮书[M]．北京：社会科学文献出版社，2017．

[5] 陈志德，曹燕清，李翔宇．大数据技术与应用基础[M]．北京：人民邮电出版社，2017．

[6] 丁维龙，赵卓峰．韩燕波．Storm：大数据流式计算及应用实践[M]．北京：电子工业出版社，2015．

[7] 董西成．Hadoop 技术内幕：深入解析 YARN 架构设计与实现原理[M]．北京：机械工业出版社，2013．

[8] 韩家炜．数据挖掘概念与技术[M]．北京：机械工业出版社，2007．

[9] 昆顿·安德森．Storm 实时数据处理[M]．卢誉声，译．北京：机械工业出版社，2014．

[10] 李联宁．大数据技术及应用教程[M]．北京：清华大学出版社，2016．

[11] 连玉明，张涛．大数据[M]．北京：团结出版社，2014．

[12] 林子雨．大数据技术原理与应用：概念、存储、处理、分析与应用[M]．2 版．北京：人民邮电出版社，2017．

[13] 林子雨．大数据技术原理与应用：概念、存储、处理、分析与应用[M]．北京：人民邮电出版社，2015．

[14] 刘鹏．大数据[M]．北京：电子工业出版社，2017．

[15] 娄岩．大数据技术概论[M]．北京：清华大学出版社，2017．

[16] 娄岩．大数据技术应用导论[M]．沈阳：辽宁科学技术出版社，2017．

[17] 罗福强，李瑶，陈虹君．大数据技术基础：基于 Hadoop 与 Spark [M]．北京：人民邮电出版社，2017．

[18] 宁兆龙．大数据导论[M]．北京：科学出版社，2017．

[19] 汤姆·怀特．Hadoop 权威指南：大数据的存储与分析[M]．4 版．王海，华东，刘喻，等译．北京：清华大学出版社，2017．

[20] 托马斯·埃尔,瓦吉德·哈塔克. 大数据导论[M]. 北京:机械工业出版社,2017.
[21] 王振武. 大数据挖掘与应用[M]. 北京:清华大学出版社,2017.
[22] 熊费,朱扬勇,陈志渊. 大数据挖掘[M]. 上海:上海科学技术出版社,2016.
[23] 杨旭,汤海京,丁刚毅. 数据科学导论[M]. 2版. 北京:北京理工大学出版社,2017.
[24] 杨正洪. 大数据技术入门[M]. 北京:清华大学出版社,2016.
[25] 姚海鹏,王露瑶,刘韵洁. 大数据与人工智能导论[M]. 北京:人民邮电出版社,2017.
[26] 袁汉宁. 王树良,程永,等. 数据仓库与数据挖掘[M]. 北京:人民邮电出版社,2015.
[27] 张尼,张云勇,胡坤,等. 大数据安全技术与应用[M]. 北京:人民邮电出版社,2014.
[28] 张绍华,潘蓉,宗宇伟. 大数据技术与应用:大数据治理与服务[M]. 上海:上海科学技术出版社,2016.
[29] 周苏,冯婵璟,王硕平,等. 大数据技术与应用[M]. 北京:机械工业出版社,2016.
[30] 周苏,王文. 大数据导论[M]. 北京:清华大学出版社,2016.